ポケモン
空想科学読本③

著：柳田理科雄　絵：姫野かげまる
協力：株式会社ポケモン

▼不可能だと思ったら、実は！

うひょ〜っ、3冊目の『ポケモン空想科学読本』だよ〜。こんなに続けられるとは思わなかったから、ホントに嬉しいよ〜。などとヨロコビを露わにしていると、ホイホイ楽しく書いたように思われるかもしれないが、実はそんなコトもないのである。

『ポケ空』の本作りは、扱うポケモンを決めるところから始まる。このときに僕はつい「ゲッコウガはかっこいいから、ぜひ入れよう」「メロエッタ、かわいいなあ」「弱い弱いと言われるコイキングが気にかかる……」などと、ポケモンたちの魅力に引かれてラインアップを組んでしまうのだ。そしていざ科学的に検証する段になって「えっ、水の手裏剣⁉ そんなの科学的にどう考えればいいんだ⁉」とか「メロエッタは音楽で感情を操るけど、それは不可能では⁉」などと途方に暮れる。しまった、ラインアップを組むときに、科学的なことまで考えておくべきだったか……。

このように、以前と同じようなマヌケな後悔をしながら、原稿を書いた3冊目の『ポケ空』なのだが、実は「このやり方もいいかもしれない！」と思うようになってきた。ゲッコウガの水の手裏剣も、メロエッタの音楽と感情の関係も「科学的に不可能では？」と思ってしまったのは、僕の知識が古かったから。あらためて調べると、科学はどんどん進歩していて、いまでは不可能とはいえなくなっていた！　これ、最初から「科学的に説明しやすいポケモンを取り上げよう」という姿勢で臨んだら、新たな知識を得るチャンスもなかったかもしれない。

こちらから近づいていかないと、なかなか真実は見えないものだが、『ポケ空』を書いていると、そんな科学の基本姿勢を改めて思い知らされる。この本は、僕にとってもたくさんのことを勉強させてもらえる素晴らしいシリーズである。

また、本書3巻の特色の一つは「生き物と環境の関係」がテーマになっていることだ。コイキングは、最弱のポケモンなのに、なぜ滅びないの？　アローラ地方のラッタが太ったのはどうして？　地球環境が危機的ないま、これらの問題を考えるのは、非常に意義があると思う。

科学は「自然はどうなっているのか」を考え、さらに「では、人間はどうするべきか」を考える学問でもある。ポケモンを科学的に考えると、それも体験できて、僕はしみじみ嬉しくなる。

空想科学研究所　主任研究員　柳田理科雄

ポケモン空想科学読本③ もくじ

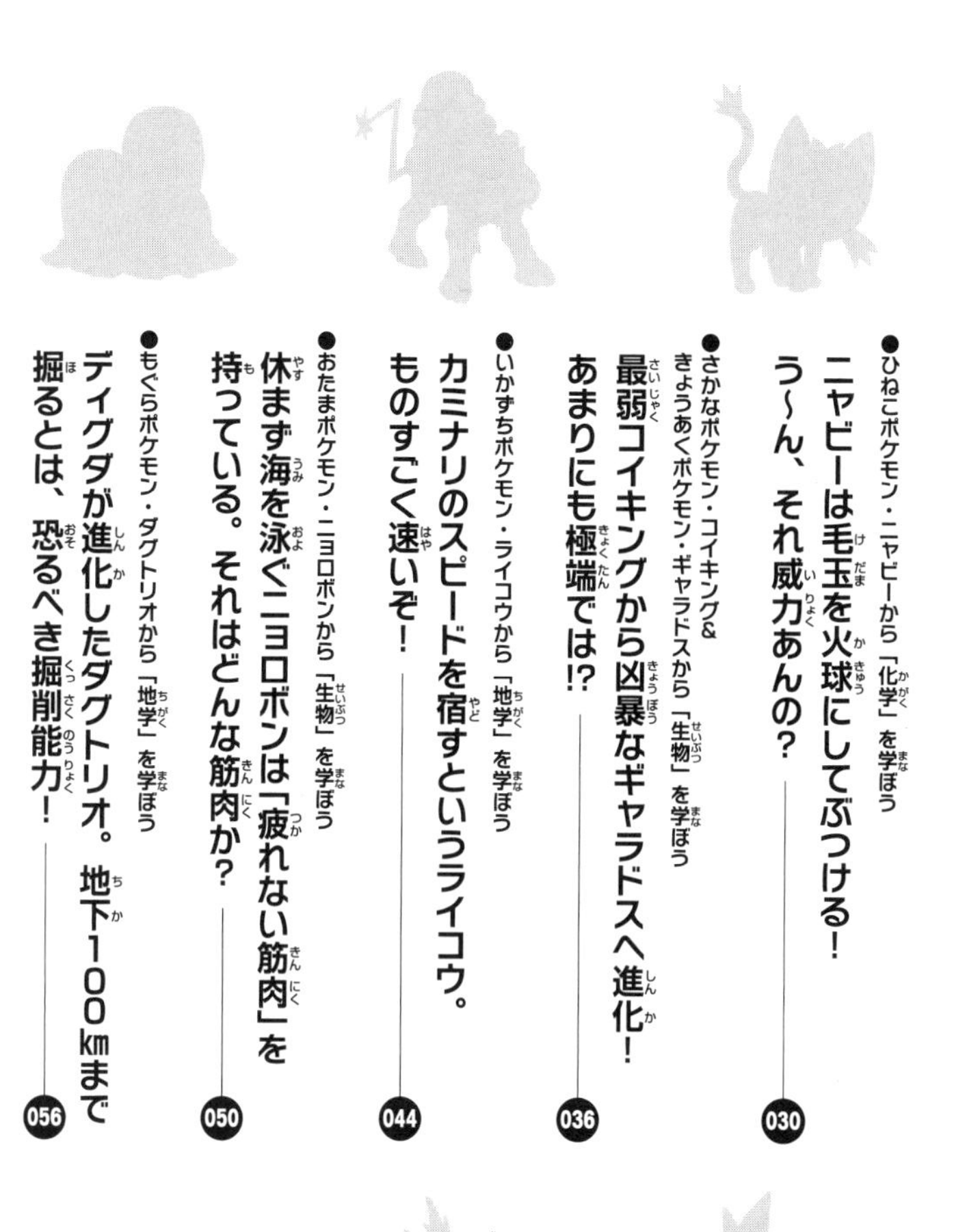

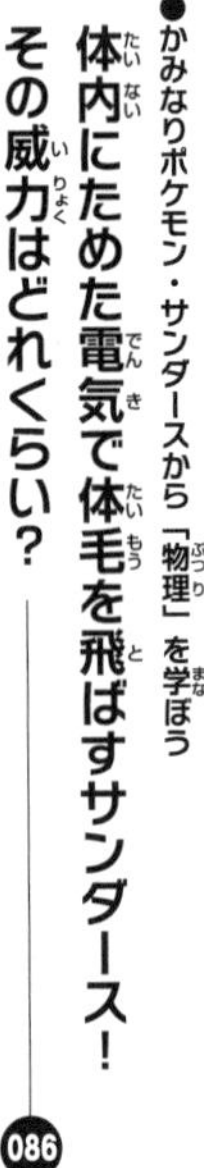

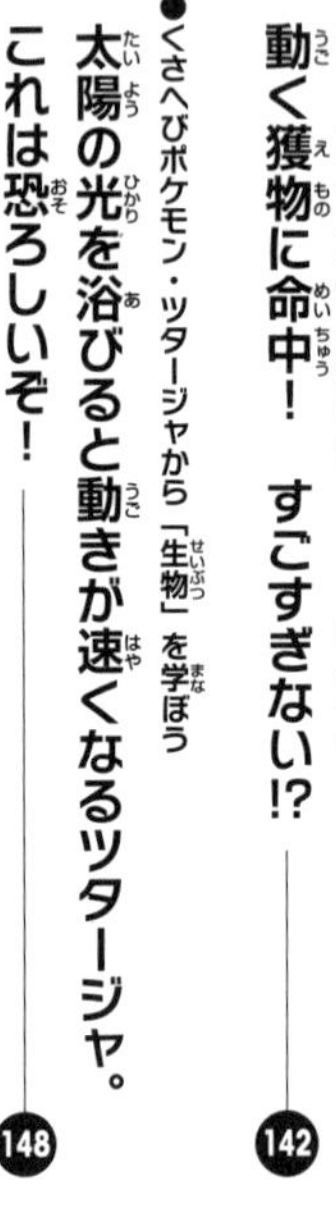

『ポケモン空想科学読本③』の読み方

本書は、『ポケットモンスター』の各種ゲームに登場するキャラクターに関して、ゲーム内の情報をもとに、現実の科学に照らしながら検証を試みたものです。検証の方法と結果は著者によるものであり、ポケモンの公式な設定ではありません。文中では、それぞれのゲームソフト名を以下のように省略して記載しています。

ゲームソフト名	省略表記
『ポケットモンスターブラック2』 『ポケットモンスターホワイト2』	『ブラック2・ホワイト2』 『ブラック2』『ホワイト2』
『ポケットモンスター X』 『ポケットモンスター Y』	『X・Y』 『X』『Y』
『ポケットモンスター オメガルビー』 『ポケットモンスター アルファサファイア』	『オメガルビー・アルファサファイア』 『オメガルビー』『アルファサファイア』
『ポケットモンスター サン』 『ポケットモンスター ムーン』	『サン・ムーン』 『サン』『ムーン』

なお、代表的な図鑑テキストを、イラストとともに一例ずつ示しています。本文中、解説の引用文でゲームソフト名を記載していない場合は、これを使用しています。

本文中の図鑑テキストは、読みやすさを考え、著者の責任において、句読点を補っています。ご了承ください。

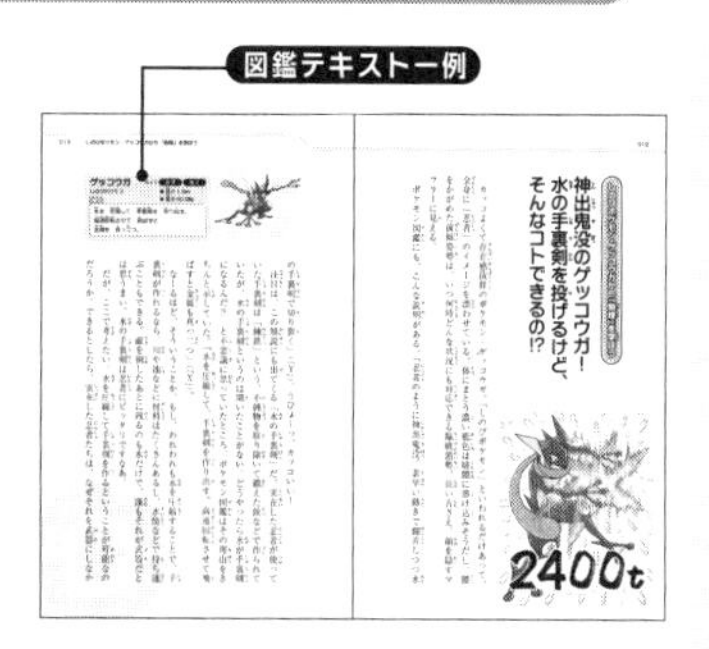

図鑑テキスト一例
ゲッコウガ
神出鬼没のゲッコウガ！
水の手裏剣を投げるけど、
そんなコトできるの!?
2400t

本書では、計算結果を必要に応じて四捨五入して示しています（原則的に「数値は上2桁のみを生かす四捨五入」というルールにしています。たとえば、1450 m⇒1500 mで計算、0.0362 g⇒0.036 gで計算……という具合）。したがって、読者の皆さんが本文に示された数値と方法で計算しても、四捨五入のルールが違うと、まったく同じ結果にならない場合があります。間違いではありませんので、ご了承ください。

参考書籍

『ポケットモンスターブラック2・ホワイト2 公式ガイドブック 完全ポケモン全国ずかん』
『ポケットモンスター X・Y 公式ガイドブック 完全カロス図鑑完成ガイド』
『ポケットモンスター オメガルビー・アルファサファイア 公式ガイドブック 完全ぜんこく図鑑完成ガイド』
『ポケットモンスター サン・ムーン 公式ガイドブック 下 完全アローラ図鑑』
元宮秀介&ワンナップ著
株式会社ポケモン・株式会社ゲームフリーク監修
株式会社オーバーラップ発行

しのびポケモン・ゲッコウガから「物理」を学ぼう

神出鬼没のゲッコウガ！水の手裏剣を投げるけど、そんなコトできるの!?

カッコよくて存在感抜群のポケモン・ゲッコウガ。「しのびポケモン」といわれるだけあって、全身に「忍者」のイメージを漂わせている。体にまとう濃い藍色は暗闇に溶け込みそうだし、腰をかがめた前傾姿勢は、いつ何時どんな状況にも対応できる臨戦態勢。長い舌さえ、顔を隠すマフラーに見える。

ポケモン図鑑にも、こんな説明がある。「忍者のように神出鬼没。素早い動きで翻弄しつつ水

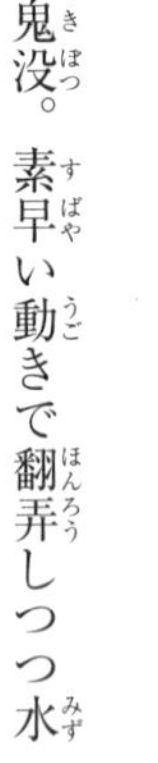

ゲッコウガ　タイプ　みず　あく
しのびポケモン
● 高さ 1.5m
● 重さ 40.0kg

▼X
水を　圧縮して　手裏剣を　作り出す。
高速回転させて　飛ばすと
金属も　真っ二つ。

の手裏剣で切り裂く」（『Y』）。うひょ～っ、カッコいい！
　注目は、この解説にも出てくる「水の手裏剣」だ。実在した忍者が使っていた手裏剣は「錬鉄」という、不純物を取り除いて鍛えた鉄などで作られていたが、水の手裏剣というのは聞いたことがない。どうやったら水が手裏剣になるんだ⁉　と不思議に思っていたところ、ポケモン図鑑はその理由をきちんと示していた。「水を圧縮して、手裏剣を作り出す。高速回転させて飛ばすと金属も真っ二つ」（『X』）。
　なーるほど、そういうことか。もし、われわれも水を圧縮することで、手裏剣が作れるなら、川や池などに材料はたくさんあるし、水筒などで持ち運ぶこともできる。敵を倒したあとに残るのも水だけで、誰もそれが武器だとは思うまい。水の手裏剣は忍者にピッタリですなあ。
　だが、ここで考えたい。水を圧縮して手裏剣を作るということが可能なのだろうか。できるとしたら、実在した忍者たちは、なぜそれを武器にしなかったのだろう？

◆水は圧縮できるか？

「圧縮」とは、物体に強い力をかけて、押し縮めることだ。たとえば、注射器に空気を入れて、１㎠あたり１kgの力をかけると、体積は半分に縮む。

では、水は圧縮できるのだろうか。小学校の理科では「空気は押し縮められるが、水を押し縮めることはできない」と習うが、これは人間に出せる力ぐらいのレベルでの話。水もすごい圧力をかければ、少しは縮む。たとえば水を注射器に入れて、１㎠あたり２３０kgの力で押せば、１％だけ縮むのだ。

だが、圧縮したからといって、水が手裏剣の形に固まるわけではない。圧縮しても、水は水のままなので、高速回転などさせたら、遠心力で飛び散ってしまうだろう。

飛び散らせないためには、液体である水を固体にしなければならない。普通に考えるなら、それは「氷にする」ということだ。実際にゲッコウガが氷で手裏剣を作っているかどうかは謎だが、水を瞬時に凍らせれば、手裏剣の形にもできるし、投げても飛び散ることはない。

でも、水を圧縮しても氷にはならない。それどころか、逆に氷というものは、圧縮すると水になってしまう。うーむ、水を圧縮して手裏剣を作ることは、なかなか難しそうだ。

……という無念な結論を出すしかなかったのは、30年以上も昔のこと。科学は日々進歩していて、1984年、日本の三島修博士が、水に1㎠あたり10ｔの圧力をかけると氷になることを実験で証明したのである！

もしゲッコウガが、この方法で水から手裏剣を作っているとしたら、どうなるだろうか？

問題は、ものすごい力が必要なことだ。ゲームの画面でゲッコウガが水の手裏剣を発射するシーンを確認すると、この手裏剣はかなり大きくて、直径が30㎝ほどと思われる！　水を圧縮してこの大きさの手裏剣を作るとしたら、ゲッコウガが出した力は、ビックリ仰天の２４００ｔ！　アフリカゾウ３００頭分の重さであり、ゲッコウガに、水を圧縮する力で体をギューッと押さえつけられたら、ゾウ３００頭に踏まれたのと同じダメージを受けるということだ。こんな力があったら、手裏剣がなくても無敵じゃないの、ゲッコウガ⁉

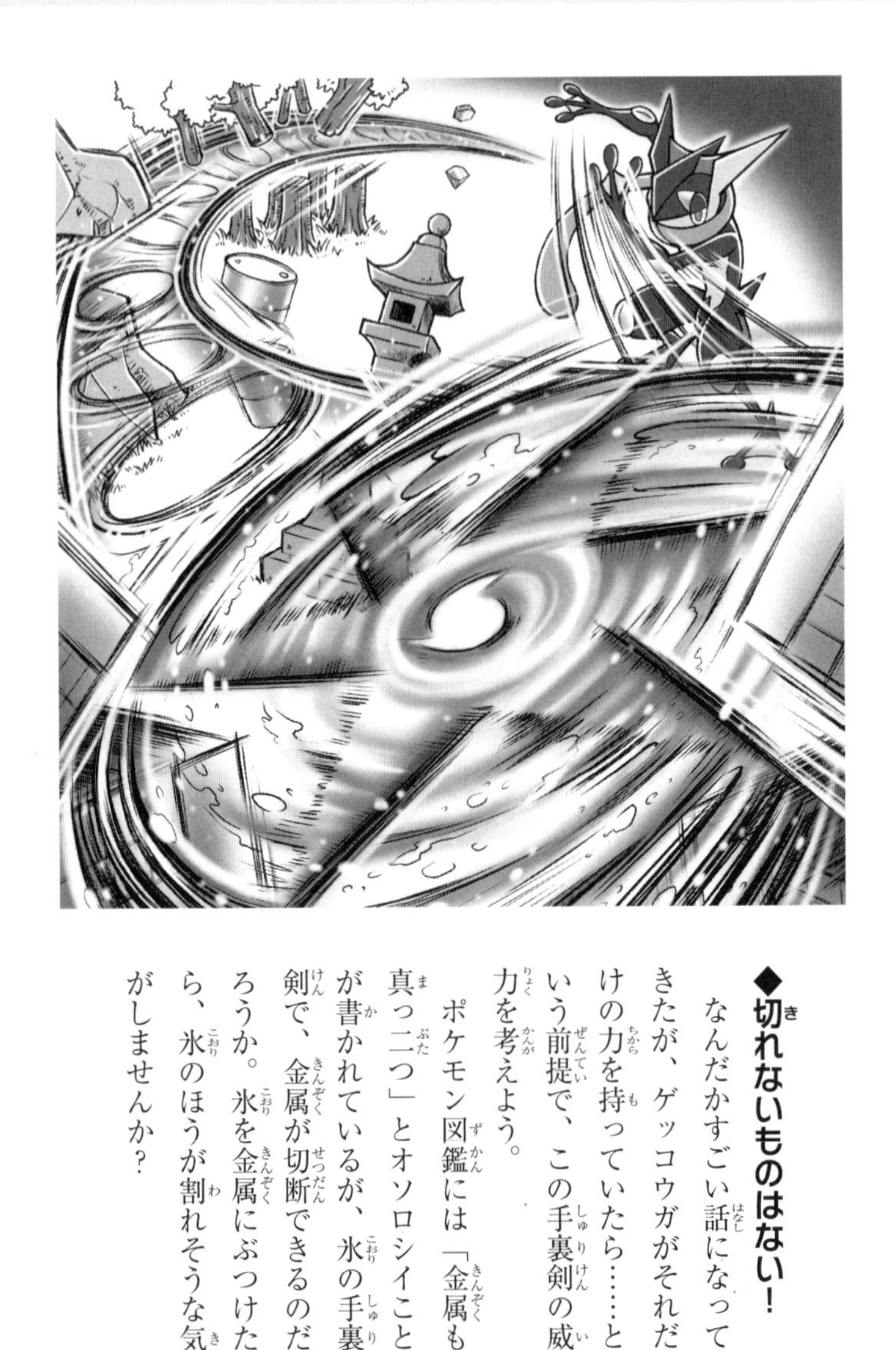

◆切れないものはない！

　なんだかすごい話になってきたが、ゲッコウガがそれだけの力を持っていたら……という前提で、この手裏剣の威力を考えよう。

　ポケモン図鑑には「金属も真っ二つ」とオソロシイことが書かれているが、氷の手裏剣で、金属が切断できるのだろうか。氷を金属にぶつけたら、氷のほうが割れそうな気がしませんか？

だが、水を圧縮して手裏剣にできるゲッコウガである。その手裏剣は、厚みを5㎜にすると重さが160gになるが、ゲッコウガの2400tの腕力でこれを投げると、飛んでいく速度は……えッ、マッハ15⁉　な、なんだそのライフル弾の5倍ものスピードは⁉

現実の世界に、「ウォータージェット」という機械がある。水に岩石や金属の粉を混ぜて、細いノズルから噴き出させ、地球上で最も硬いダイヤモンドさえも切断してしまう。そんなウォータージェットの速度でもマッハ1・5だ。ゲッコウガの水手裏剣はその10倍ものスピードで飛んでいく可能性があるわけで、こうなると、この世に切れないものはありません！　当たったらもうスパスパスパスパ〜。

うーむ。ゲッコウガは、そのスマートな外見に似合わず、驚くべき怪力の持ち主という話になってしまった。われながら意外というか、ゲッコウガ好きの方にも叱られそうな結論が出てしまって、ちょっとドキドキします〜。

でも、実在の忍者が氷の手裏剣を使えなかった理由はナットクです。

あしかポケモン・アシマリから「化学」を学ぼう

すごい！ アシマリは水のバルーンを作る。しかもモノスゴク頑丈！

みなさん！ 見習うべきは、アシマリの生きざまですぞ。ポケモン図鑑には「頑張り屋な性質で有名。体液を鼻で膨らませたバルーンを敵にぶつける」（『サン』）と書いてある。おお、頑張り屋で有名とは、頑張らないことで知られるワタクシの正反対！ しかも「水のバルーンを操る。大きなバルーンを作るため、コツコツ練習を繰り返す」（『ムーン』）というのだから、これまた「地道な努力など、どこ吹く風」の筆者とは真逆ですなあ。

アシマリ
あしかポケモン

タイプ　みず

● 高さ 0.4m
● 重さ 7.5kg

▼ムーン

水の　バルーンを　操る。
大きな　バルーンを　作るため
コツコツ　練習を　繰り返す。

アシマリを称えているのか、自分を卑下しているのかわからなくなってきたが、科学的に考えたいのは、アシマリが作る水のバルーンだ。「体液を鼻で膨らませたバルーン」ということだが、それって、つまりは鼻風船……？

そんなものを敵にぶつけても、たいしたダメージは与えられないのではないだろうか？

ところが、『サン・ムーン』の公式サイトを見ると「陸上でも、バルーンの弾力を使ってジャンプし、アクロバティックな動きもできるのだ！」という説明がある。このバルーン、とっても丈夫らしい！

しかし素朴に疑問である。鼻で水を膨らませただけで、そんなに頑丈で弾力豊かなバルーンが作れるのだろうか？

◆シャボン玉が膨らむ理由

現実の世界を見渡すと、アシマリのバルーンに似たものに、シャボン玉がある。強度は比較にならないが、息を吹き込んで膨らませる点は同じだ。

なぜシャボン玉は、膨らむのだろうか。シャボン玉の液は、水に石けんや台所用洗剤を混ぜて作る。洗濯糊や、砂糖や、ハチミツを混ぜると、割れにくいシャボン玉を作ることもできる。これをストローにつけて息を吹き込むと丸く膨らむが、これは水の「表面張力」のおかげだ。

表面張力とは、液体がまわりの液体や、接した容器などと引っ張り合う力のこと。縁まで水の入ったコップに、少しずつ水を入れていくと、水は縁より高く盛り上がり、ある程度まではこぼれることはない。また、1円玉は水に浮かぶし、アメンボは水の上を歩ける。これらは、水面の水がまわりの水やコップの縁などと表面張力で引っ張り合っているからだ。

すると、シャボン玉が大きく膨らむということは、石けんや洗剤には、水の表面張力を強くする働きがあるのだろうか？

意外なことに、真実は逆だ。石けんや洗剤には、水の表面張力を弱くする働きがある。水は表面張力が強いので、ひとかたまりの水滴になろうとする。石けんや洗剤を混ぜると表面張力が弱くなるから、「吹き込む息の力」という弱い力で、薄い膜に広がるのである。

これは簡単な実験で確かめることができる。皿に水を張り、1円玉を水平にして水面にそ〜っと置くと、水に浮かぶ。すでに説明したように、水の表面張力が1円玉の重さを支えているわけだ。ここで、近くに洗剤を1滴たらすと、1円玉は沈んでしまう。洗剤の働きで表面張力が弱くなり、1円玉の重さを支え切れなくなるからだ。

科学的に考えると、アシマリの体液には、水の表面張力を弱くする物質が含まれているのかもしれない！

◆破裂したら、大惨事に！

アシマリのバルーンは、きわめて頑丈だ。アシマリが跳び乗って、弾力でさらに高く跳び上がれるほどである。表面張力を弱くしただけでは、シャボン玉のようにすぐに割れてしまうはずだから、アシマリの体液には、強靭さや弾力を与える物質も含まれている可能性がある。

その頑丈さを、具体的に計算してみよう。公式サイトのイラストを見ると、アシマリは自分の高さと同じぐらいの直径のバルーンに跳び乗り、そこからジャンプして、自分の高さの1・8倍の高度まで跳び上がっている。アシマリの高さは0・4mだから、その高度は72㎝だ。

そしてバルーンは、アシマリが跳び乗って最も大きくツブレたとき、上下の厚さが17㎝になっている。このような変形をして、重さ7・5kgのアシマリを72㎝跳び上がらせたということは、バルーンは44kgの力に耐えたことになる。小学6年生男子の平均体重は38・4kgだから、このバルーンには小学生が乗っても割れない！　モノスゴク頑丈だ！

公式サイトには「バトルでは、そのバルーンを使ったさまざまな戦術を繰り出すのだ！」とあり、アシマリの鼻の上に浮かんだバルーンに、モクローが閉じ込められている様子が描かれている。バルーンは44kgに耐えるから、重さ1・5kgのモクローを閉じ込めるのは簡単だろう。

だがこれほど頑丈となると、別の心配が出てくる。

それは割れたとき！　風船も、巨大なものが割れると、音で人が失神したり、爆風で人が飛ばされたりする。44kgに耐える直径40㎝のバルーンが破裂したら、どんな音がするのだろうか。

計算すると、なんと半径9m以内の人が失神する！　学校の教室で破裂したら、クラス全員が失神だ。こんなモノをぶつけられたら、そのポケモンもたぶん失神！　いや、アシマリ自身も危

ないかも……。

　そのうえポケモン図鑑には、恐ろしいことが書いてある。「大きなバルーンを作るため、コツコツ練習を繰り返す」（『ムーン』）。ということは、アシマリのバルーンは威力がまだまだ強くなる！

　恐るべきアシマリ。その最大の武器は、やはり頑張り屋という性質であろう。みなさんも見習うべし。いや、誰よりも筆者こそ見習うべし。

くさばねポケモン・モクローから「生物」を学ぼう

モクローは、羽音を立てずに飛べるという。すばらしく有利だ！

モクローは小さい。高さは0・3m、重さは1・5kgしかないから、こんなミニサイズで激しいポケモンバトルを勝ち抜いていけるのか……と心配になるだろう。が、モクローを甘く見てはいけません。

左ページに掲載したポケモン図鑑のテキストにあるように、このポケモンは音を立てずに空から敵に接近できるのだ。それだけではない。『サン・ムーン』公式サイトには「モクローの首は

くさばねポケモン

タイプ　くさ　ひこう

●高さ 0.3 m
●重さ 1.5kg

▼ムーン

一切　音を　立てず　滑空し
敵に　急接近。　気づかぬ間に
強烈な　蹴りを　浴びせる。

180度近く回転する。バトル中もトレーナーの指示を首を回して待っているぞ！」「夜でも昼間と同じようにものを見ることができる。夜間の戦いは、圧倒的に有利だ！」という解説まで載っている。

他のポケモンにとって、これはオソロシイ話だ。音もなく忍び寄られたら、防御のしようがない。「攻撃は最大の防御」とばかり、こちらから忍び寄っても、いきなり首が180度回転して、発見されてしまうかも。そのまま夜の戦いになったりしたら、もうどうしていいんだか……。

油断ならないモクローの実力に、科学で迫ってみよう。

◆フクロウはすごい生物だ！

数あるモクローの特徴のうち、最大の脅威は、音を立てずに飛べることだろう。なぜこんなことができるのか。というか、音を立てずに飛ぶことなんて、可能なのか？

可能なのである。現実の世界にも、羽音を立てずに飛ぶ鳥がいる。それは、フクロウだ。この鳥が音もなく飛べるのには、いくつかの理由がある。

まず、フクロウは獲物に近づくとき、ほとんど羽ばたかず、グライダーのように滑空する。そして羽は、細かい毛がたくさん生えていて柔らかいので、他の鳥と違って、羽同士がこすれ合うバサバサという音が立たない。さらに、風切り羽（翼の最前列の羽）の前方が櫛の歯のようにギザギザになっていて、空気の流れを乱さない。500系新幹線のパンタグラフは細かい凸凹のついたカバーで覆われているが、あれはフクロウの羽を参考に生まれた工夫なのだ。

これらの仕組みのおかげで、フクロウは音もなくノネズミなどに忍び寄り、その頑丈な足で絞めあげて、丸呑みにする。モクローの羽がフクロウと同じような仕組みになっていたら、音もなく接近して強力な足蹴りを見舞うことも充分可能だろう。やられるほうの身になると、どちらもたまったもんじゃないけどねー。

では、首が180度回る点はどうなのか。

フクロウも、体を動かさずに真後ろを見ることができる。これは、人間などの哺乳類は首の骨が7本しかないのに対して、フクロウは首の骨が14本もあるからだ。骨の1本1本が回る角度は小さくても、骨がたくさんあることによって、首は大きく回る。

この能力は、目のよさと関係がある。フクロウは、暗いところでもよく見えるように、大きな目を持っている。ところが目が大きくなりすぎたために、人間のように眼球を動かすことができなくなった。だからといって、見る方向を変えるために体全体を動かしたりしたら、音がして獲物に気づかれてしまう。そこで、首だけを音もなく動かせるようになったのだ。

さらに、耳のよさとも関係がある。フクロウは、左耳が右耳より大きく、右耳は目よりもやや高いところに、左耳は目より低いところについている。これにより、顔の向きを変えると、まわりの音の聞こえ方が変わる。それを手がかりに、獲物の位置を正確に突き止めることができる。

つまりフクロウの場合、首が大きく回ることは、自分に関する情報を敵に一切与えないようにして、敵の情報だけを一方的に集めるのに役立っているわけだ。実によくできた生物である。

ここから考えると、モクローも目がいいだけではなく、耳もよく聞こえるのかも……と筆者は想像いたしますー。

◆目のよさがモノスゴイ!

しかも、モクローの目のよさは半端ではない。前掲のように、「夜でも昼間と同じようにものを見ることができる」というのだから。

フクロウの目のよさは、人間の100倍ともいわれる。「満月の夜」の明るさは、星も見えない「闇夜」の30倍ぐらいだから、フクロウは闇夜でも、満月の夜に人間が感じるより3倍も明るく見えるということだ。すごい暗視能力である。

モクローの目のよさは、そんなフクロウをはるかに上回る。「夜でも昼間と同じように」とサラリと書いてあるが、真昼の明るさというのは、実は闇夜の１４００万倍！　人間の目にはそこまでの違いには感じられないが、実際の光の明るさを比較すると、それほど違うのだ。すると、モクローの目のよさは人間の１４００万倍ということになる！

これほどすごい能力を持っているうえに、公式サイトにはこんな説明まである。「羽音を立てずに空を飛ぶことができる。相手に気づかれずに近づいて強力な脚蹴りを繰り出したり、カッターのように鋭い切れ味の葉っぱと一体になった羽根を飛ばして、遠くから攻撃したりできるぞ！」。

わーっ、遠距離攻撃も、接近攻撃も防ぎようがないじゃないか。狙われたらもうアウト。これほど強いモクローの攻撃を防ぐにはどうしたらいいのでしょう？　筆者なら……うーん……、お友達になります。

ひねこポケモン・ニャビーから「化学」を学ぼう

ニャビーは毛玉を火球にしてぶつける！　う～ん、それ威力あんの？

猫を飼っている人はよく知っていると思うけど、猫はときどき毛玉を吐くことがある。苦しそうに見えるが、猫の健康にとっては欠かせない行為だ。

ひねこポケモンのニャビーも、毛玉を吐く。やっぱり健康のため？　と思ったら、『サン・ムーン』公式サイトには次のように書いてある。「ニャビーはいつも体中を舌でなめて毛づくろいをしている。毛づくろいで抜け毛を集めているのだ」「毛づくろいで体内に作った毛玉を火球に

ニャビー　タイプ　ほのお
ひねこポケモン
● 高さ 0.4m
● 重さ 4.3kg

▼サン
毛づくろいで　お腹に　溜まった
抜け毛を　燃やして　火を　吹く。
毛の　吐きかたで　炎も　変化。

して、攻撃することもできるのだ！」。
ニャビーが毛玉を吐くのは、攻撃のため！　どうやら現実の世界の猫とは、だいぶ違うようだ。
しかし火球とはいえ、それは毛玉。はたして威力があるのだろうか。

◆毛づくろいは、何のため？

現実の世界の猫は、なぜ毛玉を吐くのだろう？

猫は、体をなめたり、なめた前足で顔や頭を撫でたりする。これが「毛づくろい」で、次のような効果があると考えられている。
①体をきれいにする。
②気持ちを落ち着かせる。
③冬は、毛のあいだに空気が入って、体温を保つ。
④夏は、唾液が蒸発するときに熱を奪い、体温を下げる。

⑤毛の表面に太陽の光が当たることで作られたビタミンDを摂取する。

なんとまあ、いろんな効果があるのだなあ。

ただし、この毛づくろいが、猫にとって困ったことも引き起こす。毛づくろいのときに飲み込んでしまった毛が、胃のなかで絡まり合って毛玉になるのだ。

そこで、吐き出したり、ウンチといっしょに出したりするのだが、そのどちらもできないほど毛玉が大きくなると、「毛球症」という病気になってしまう。つまり、猫にとって毛づくろいはとても役に立つが、そのために毛玉がたまり、苦しい思いをすることもある。猫の人生も難しいにゃー。

◆火球が一直線に飛ぶ！

その点、ニャビーは毛玉が火球という攻撃手段になるわけで、現実の世界の猫たちから見たら、うらやましい話かもしれない。

気になるのは、その毛玉火球はどれほどの威力があるのか、ということだ。「毛玉を燃やしたぐらいでは、威力も大したことないのでは？」と思ってしまうかもしれないが、決してそうではない。自然界の動物の毛は「ケラチン」というタンパク質でできている。そして、タンパク質が燃えると、同じ重さの爆薬の4倍の熱エネルギーが発生する！

さらに、公式サイトには恐ろしいことが書いてある。「ニャビーの毛は油分を含んでいてよく燃える。毛が生え変わる時期には、古い毛を一気に燃やしてしまうのだ！」。

油が燃えるとき、発生する熱エネルギーは、爆薬の9倍！　タンパク質や油のほうが、爆薬よりも大量の熱エネルギーを出す。意外かもしれないが、これは事実だ。火が燃えるには「燃えるもの」と「酸素」が必要で、爆薬には一瞬で燃やすために、大量の酸素が含まれている。その結果、炭素や水素などの「燃えるもの」は、それほど多く含まれていない。

これに対して、タンパク質や油は、空気中の酸素を利用して燃える。含まれる酸素が少ないからで、その分だけ炭素や水素が多く含まれており、燃え方はゆっくりだけれど、放つ熱エネルギーは爆薬よりはるかに大きいのである。

たとえば、ニャビーの毛玉に油が10％含まれ、毛がケラチンでできていると仮定すると、火球が放つ熱エネルギーは、同じ重さの爆薬の5倍になる。

では、実際の威力は？　それは、もちろん毛玉の重さで決まるが、ポケモン図鑑は毛玉の重さには言及していない。そこで公式サイトで、ニャビーが火球を吐く「ひのこ」の技の動画を見てみると、火球の直径は5㎝ほど。そして……おおっ！　火球は5mぐらい離れたモクローに向かって、一直線に飛んでいる！

これはビックリだ。試しに、軽～く丸めたティシュを投げてみていただきたい。5mも投げられる人はいますか？　毛玉や丸めたティッシュのように、軽くて体積の大きなものは、どんなに速く投げても、空気に邪魔されて、たちまち速度が落ちてしまうのだ。

なのにニャビーの火球は、まったくスピードを落とさずに一直線に飛んでいる。この火球には、かなりの重さがあるということだろう。

もし野球の硬式ボール（直径7・3㎝、重さ145g）を直径5㎝に小さくしたときくらいの重さだと考えると、重さは47g。するとニャビーの火球には、爆薬230gに匹敵する威力があることになる。20℃の水2・9Lを沸騰させられる！

しかも、毛が生え変わる時期には、古い毛を一気に燃やしてしまうという。いったいどれほどすさまじい攻撃になることか……。

毛玉で攻撃するニャビー。こう書くと「かわいいね～」と思ってしまうけれど、科学的に考えてみると、かなり強いポケモンなのである。油断は禁物だ。

さかなポケモン・コイキング&きょうあくポケモン・ギャラドスから「生物」を学ぼう

最弱コイキングから凶暴なギャラドスへ進化！あまりにも極端では!?

うっひゃー、驚いた。ポケモン図鑑のコイキングの項に、こんな記述があるのだ。

「力もスピードもほとんどダメ。世界で一番弱くて情けないポケモンだ」（『X』）

力もダメ!?　スピードもダメ!?　世界でいちばん弱くて情けないポケモン!?　何もそこまでハッキリいい切らんでも……。身もフタもないとは、この解説のことであろう。

ところがこのコイキング、その魅力を歌った「I LOVE コイキング」という歌まで作られており、どうやら意外と人気がある！　やっぱりポケモンは奥が深いなあ。

冒頭からビックリの連続だが、さらに驚くのはここからだ。最弱のポケモン・コイキングは、進化するとギャラドスになるのだが、そのギャラドスに関して、ポケモン図鑑はこう述べている。

「めったに姿を現さないが、ひとたび暴れ出すと大きな都市が壊滅するときもある」（『Y』）

大きな都市が壊滅!?　それって、軍隊なみの攻撃力を持っているということ!?　最弱と明言されていたコイキングが、進化したとたんに、メチャクチャ強いヤツになるの!?

なんだかものすごい話である。ここまで振れ幅の大きな進化を遂げるポケモンも珍しいのではないか。まことに興味深いので、本項ではこの問題を考えてみよう。

◆「弱い」以外の情報はないのか？

最弱のコイキングが一転、凶暴なギャラドスへ。この極端な進化から思い浮かべるのは「登竜門」という言葉だ。「そこを通れば出世や成功が約束される関門」という意味で、たとえば「芥川賞は、新人作家の登竜門だ」などと使われる。その語源は中国の伝説で、黄河の上流にある

コイキング　タイプ　みず
さかなポケモン
● 高さ 0.9m
● 重さ 10.0kg
▼X
力も　スピードも　ほとんど　ダメ。
世界で　一番　弱くて
情けない　ポケモンだ。

「竜門」という急流を登り切ったコイは竜になる……といわれていた。

もちろん現実の世界で、コイが竜に変身することはないが、ポケモンの世界ではホントにそれが起こるのだから、おそろしいことである。

進化する前のコイキングについて、「弱い」以外の情報はないだろうか。ポケモン図鑑を調べてみたところ……。

「大昔は、まだもう少し強かったらしい。しかし、今は悲しいくらいに弱いのだ」（『Y』）

そうか、大昔は「少し強かった」のか。それでも、強かったのは「少し」だけ……。

「跳ねることしかしない情けないポケモン。なぜ跳ねるのか調べた研究者がいるほど、とにかく跳ねて跳ねて跳ねまくる」（『オメガルビー』）

なんと、コイキングは跳ねることしかしない！　不思議なポケモンだなあ。

もちろん、現実の世界の魚だって跳ねることはある。ヤマメなどの清流を

ギャラドス
きょうあくポケモン
タイプ　みず　ひこう
● 高さ 6.5m
● 重さ 235.0kg

▼Y
めったに　姿を　現さないが
ひとたび　暴れ出すと　大きな
都市が　壊滅するときもある。

力強く泳ぐ魚は、水面や空中にいる虫を捕まえるために、水から飛び上がる。コイも跳ねるが、これは水中で何かに驚いたときか、体についた寄生虫が気持ち悪いときだという。ここから考えると、コイキングが跳ねまくるのも、いつも何かに驚いているのかも……。

◆ややっ、生命力が強いぞ

こんなコイキングに関して、意外な記述を発見した。
「跳ねているだけで満足に戦えないため、弱いと思われているが、どんなに汚れた水でも暮らせるしぶといポケモンなのだ」（『アルファサファイア』）
どんなに汚れた水でも暮らせる！　これは意外かつ重要な情報だ。劣悪な環境に順応して生きられるのは、「生物として強い」ということだから。
現実の世界では、食物連鎖の頂点に位置するライオンもトラも、その巨体のおかげで襲われることのないシロナガスクジラも、人間が起こした環境の悪化などによって、数が減っている。その一方、2億年前に出現したゴキブリは、恐竜が滅びた6500万年前の「大量絶滅」をも乗り越え、いまも世界中に生棲している。非常に「強い生物」といえるのだ。ゴキブリと比べられるのはコイキングも抵抗あるだろうけど、その生命力には堂々と胸を張りましょー。

さらに、こんなオドロキの解説もあった。「長年生きたコイキングは、跳ねるだけで山をも越えるが、技の威力は弱いまま」（『ブラック2・ホワイト2』）

ややっ、技の威力が弱かろうとも、水から跳ねて山を越えるとはすごくないか。その山の高さが千mで、コイキングが1回のジャンプで1m跳ねるとしたら、連続千回のジャンプ！ そんなすごいことができるのに、なぜ技の威力が弱いままなのだろう？

◆ギャラドスは姿を現さない？

さて、コイキングが進化したギャラドスは、どんなポケモンなのか。

高さは6・5mで、0・9mのコイキングに比べると7倍以上！ 重さは235kgで、10kgから

20倍以上の増量！　ものすごく大きくなっているが、それだけではない。
「一度暴れ始めると、すべてを燃やさないと凶暴な血が収まらなくなってしまう。ひと月暴れ続けた記録が残る」（『アルファサファイア』）
ギャラドスは、大きく強くなっただけではなく、凶暴になっているのだ。跳ねるだけのコイキングを思えば、あまりの変わりよう。なぜ？

「コイキングからギャラドスに進化するとき、脳細胞の構造が組み換わるために性格が狂暴になるといわれている」（『オメガルビー』）

おお、ちゃんと理由が書いてある。しかも、脳細胞の構造が組み換わる！

現実の世界で、一生のうちに大きく姿を変えるのは、さなぎになる昆虫だ。幼虫の仕事は、エサを食べて体を大きくすることだから、葉の上を歩くための足と消化器官があればいい。成虫の仕事は、異性と出会って卵を産むことなので、広い範囲を飛び回れる翅と、目立つ姿や鳴き声が必要だ。仕事が違うため、体の構造も大きく変わる必要があり、さなぎの段階で、体の内部を一度ドロドロに溶かし、まったく別の体に作り直すのだ。

ところがこの劇的な変化のなかでも、神経の一部は変わらない。脳とは神経の集まりだから、脳細胞の構造まで組み換わるコイキングは、はるかにダイナミックな進化を遂げるといえる。

そしてもう一つ、筆者が気になって仕方がないのは、先ほど紹介した『Y』の説明だ。

「めったに姿を現さないが、ひとたび暴れ出すと大きな都市が壊滅するときもある」

これほど強いギャラドスが、めったに姿を現さない？　コイキングは強い生命力でどこにでも棲み、あちこちで目撃されていたはず。ギャラドスに進化すると、姿を現さなくなるのはなぜ？

あくまでも筆者の推測だが、そうなる可能性は二つ考えられる。

一つは、コイキングからギャラドスに進化できる確率がとても低いこと。たとえば現実世界のカブトムシのメスは、生涯に100個ほどの卵を産むが、幼虫、さなぎ、成虫……と姿を変えながら、どんどん数を減らしていき、無事に成虫まで育つのは2匹ぐらいだ。脳細胞の構造などを作り換えた結果、コイキングほどの環境適応力はなくなるのかもしれない。

もう一つは、ギャラドスになってからの寿命が短い可能性だ。「ひと月暴れ続けた記録が残る」とあり、そんなパワーの使い方をしたら長生きはムリかも……とも思うが、それだけではない。

たとえば現実の世界のゲンジボタルは、幼虫の期間が10ヵ月。さなぎの時期を経て、成虫として生きるのはオスが平均6日、メスが12日。昆虫の成虫は、卵を産むという仕事を終えると生涯を閉じるのだ。もしギャラドスになってからの寿命が短ければ、見かける機会も少ないだろう。

弱い弱いと言われながらも、劣悪な環境でも生き続けるコイキングと、凶暴だけどあまり姿を見せないギャラドス。生き物にとって「強さ」とは何か、つくづく考えさせられる進化である。

いかずちポケモン・ライコウから「地学」を学ぼう

カミナリのスピードを宿すというライコウ。ものすごく速いぞ！

「地震、雷、火事、おやじ」という言葉を知っていますか？　昔から日本で「怖いものの代表」として挙げられてきた4つだ。このうち、「おやじ」は著しく弱体化しているものの、他の3つのオソロシさは健在。人類が存在する限り、脅威であり続けるだろう。

その2位に輝く「雷」のすごさは、電圧とエネルギーだ。雷とは、雷雲にたまったマイナスの電気が、地面に向かって一気に流れる現象で、その電圧は1億〜10億V。放たれるエネルギー

ライコウ　タイプ　でんき
いかずちポケモン
●高さ 1.9m
●重さ 178.0kg

▼オメガルビー・アルファサファイア
雷の　スピードを　宿した　ポケモン。
その遠ぼえは　雷が　落ちた　ときの
ように　空気を　震わせ　大地を　揺るがす。

は平均で爆薬２４０kg分もあるという。雷に打たれたらまず命がなく、大木が裂けたりするのも当然である。

そんな恐ろしい雷の力を持っているのが、いかずちポケモン・ライコウだ。ポケモン図鑑には「雷とともに落ちてきたと言われている。背中の雨雲から雷を撃ち出すことができる」（『ブラック２・ホワイト２』）、「雷のスピードを宿したポケモン。その遠ぼえは雷が落ちたときのように空気を震わせ大地を揺るがす」（『オメガルビー・アルファサファイア』）などと、怖いコトがいくつも書かれている。

なかでも筆者の目が飛び出しそうになったのが「雷のスピードを宿したポケモン」という説明だ。「雷とともに落ちてきた」という記述と合わせて考えると、ライコウは雷と同じスピードで空からやってくるの⁉

だとしたら、本当にオソロシイことですよ。さっき「雷のすごさは電圧とエネルギー」と書いたけど、スピードも途轍もない。莫大なエネルギーが猛スピードで襲ってくるから、人間には対処のしようがないのだ。ここでは、ライコウが雷のスピードで動くと考えて、その脅威を見てみよう。

◆あまりに速くないですか？

雷のスピードとは、どれほどなのか？

空気は、普段は電気を通さないが、雷雲と地面のあいだの電圧が限界を超えると、雷雲から地面に向かって、マイナスの電気がバリッ！と流れる。ただし、一気に地面まで届くのではなく、50mほど流れると、一瞬そこで止まり、少しでも流れやすい方向へ、また50mほど流れる。これを繰り返すから、稲妻はジグザグになったり、枝分かれしたりする。このときのスピードは、秒速１５０kmから２００kmといわれる。「音速の何倍か」で表すと、マッハ４４０～５９０だ。

大変な速度だが、これが「雷のスピード」ではない。このときに流れる電流は弱く、光も音も出さないから、われわれが目にする稲妻はこれではない。本番はここからだ。

右のようにして電気の通り道ができると、雷雲と地面のあいだの空気は、電気が流れやすい状態になる。ここで、そのジグザグの道に沿って、一気に流れるのだ、眩い光と轟音を伴う大電流すなわち稲妻が！

そのスピードは、光の速さの3分の1。秒速10万km＝マッハ29万4千！　これは、もう本当にすごいスピードだ。わずか0・4秒で地球を一周してしまう。「あ、雷だ。逃げよう」などと言っているヒマはなく、速すぎて目にも見えません。われわれに稲妻が見えるのは、その道筋に沿って、空気がそれよりは少し長い時間だけ、光っているからだ。

紹介してるだけで、もうドキドキしてくるなあ、雷のスピード。だが、先ほど筆者は「ライコウが雷のスピードで動くと考えて、その脅威を見てみよう」と書いてしまった。書いちゃったからには、考えるしかない。いったいどんなオソロシイことになるのでしょう……自分でも心配になってきました。

◆地球を突き抜けて、宇宙へ！

驚異のスピードで、雷は落ちる。ライコウも、同じスピードで空から落ちてくるとしたら、

何が起こるのか？
　雷の電気は、地面に広がって消えてしまうが、ライコウはそういうわけにはいかない。重さ１７８kgという肉体を持っているのだから、地面にマッハ29万４千で激突するだろう。
　そのエネルギーは、爆薬８億６千万t分。冒頭に記したように、雷のエネルギーは爆薬２４０kg分だから、落雷よりも、落ライコウのほうが36億倍も強烈ということだ。ライコウの突進を受けて、無事でいられるポケモンはいないでしょうなあ。

　ライコウ自身は大丈夫なのか？　普通、何かがマッハ29万4千で地面にぶつかると、跡形もなく砕け散ってしまうと思われるが……。

　まあ、ライコウのことだから、その体は驚異的に頑強なんだろうと思うけど、落ライコウの衝撃には大地のほうが耐えられない。ライコウの体は深々と地面に潜ってしまうだろう。ライコウは高さ1・9mだから、直径2mの穴を開けて地面にめり込むと仮定して計算すると、地面をえぐる深さは……えっ、2300万km!?　地球の直径は1万3千kmだから、地球を楽々と貫通して、宇宙に飛び出してしまう！　えええ〜っ！

　うーむ、あまりにすごいスピードゆえ、ライコウの活躍の場は地球では足りないかも。そしてこうなると、もう一つ驚くべきは雷を放つ背中の雨雲だ。マッハ29万4千で移動する背中に漂っているというのに、振り飛ばされることもなく、飛び散ることもなく、その形を悠々と保っている。なんとしぶとい雨雲だろう。ライコウもすごいが、この雨雲もスゴイな。

おたまポケモン・ニョロボンから「生物」を学ぼう

休まず海を泳ぐニョロボンは「疲れない筋肉」を持っている。それはどんな筋肉か？

ニョロモは、ニョロゾを経て、ニョロボンまたはニョロトノになる。このポケモンを見ていると、筆者はどうしても現実のカエルを思い出してしまう。ニョロモはオタマジャクシにそっくりだし、ポケモン図鑑のニョロゾの解説には「2本の脚は発達しており、地上で暮らせるのに、なぜか水中生活が好き」（『Y』）と書いてある。なんだかものすごくカエルっぽいよ！

ところがニョロボンになると、パッと見はやっぱりカエルに似ているけれど、決定的に違う点

ニョロボン　タイプ　みず　かくとう
おたまポケモン
● 高さ 1.3m
● 重さ 54.0kg
▼ オメガルビー・アルファサファイア
発達した　強靭な　筋肉は　どんなに
運動しても　疲れる　ことは　ない。
太平洋も　軽く　横断　できるほどだ。

がある。上の解説文には「発達した強靭な筋肉は、どんなに運動しても疲れることはない。太平洋も軽く横断できるほどだ」とあるけど、そう、カエルは海では泳げません！

　カエルやイモリなどの両生類は、水のなかでも陸上でも行動できるが、その場合の水とは、川や池や沼など、塩分の含まれない「淡水」のこと。両生類の皮膚は水を通すので、水分は口からではなく皮膚から吸収できる。その代わり、もし海水に入ると、塩をかけたキュウリやナメクジのように、体の水分を吸い出されてシワシワになってしまう！　だから、海のなかでは生きられないのだ。

　だがそれは、現実の世界の両生類の話。われらのニョロボンは、太平洋を軽く横断するという驚異的なチカラを持っている。そんなことができるニョロボンの筋肉について考えてみよう。筆者は中学生の頃、水泳部に入っていたので、この問題、とても気になるのです。

◆太平洋横断にどれだけかかる？

「太平洋も軽く横断」というのは本当にすごい。

現実世界の太平洋は、面積1億8千万㎢。地表全体の3分の1を占める地球最大の海洋だ。一般に「太平洋横断」というと、日本からアメリカの西海岸まで行くことを指し、その距離はなんと8300㎞！

これを己の肉体のみで泳ぐとは、どんな体力なのだろうか。オリンピックの競泳で、いちばん長い距離を泳ぐのは男子1500m自由形。ニョロボンが泳ぐ距離は、その5500倍である。

現実の世界で、もっとも長い距離を休まずに泳いだのは、アメリカのダイアナ・ナイアドさん。2013年に、キューバからフロリダ半島までの166㎞を53時間で泳いだ。この偉大なスイマーは女性で、年齢はなんと64歳！　すごい。でもニョロボンは、その50倍もスゴイのだ。

驚くのは、ニョロボンの泳ぐスピードだ。『Y』の解説には「クロールやバタフライが得意で、オリンピックの選手でもぐんぐんと追い抜いていく」とある。

競泳の男子100m自由形の世界記録は46秒91。自由形では、どんな泳ぎ方をしても構わないのだが、多くの人はいちばんスピードが出るクロールで泳ぐ。次に速いのはバタフライで、100mの世界記録は49秒82。そういう選手たちをぐんぐんと追い抜いていくというのだから、ニョロボンは100m自由形の世界記録の2倍の速度で泳ぐと仮定しよう。

そのスピードをもってしても、太平洋横断8300kmを泳ぐのにかかる時間は、22日と13時間。これほど長く泳いでも疲れないとは、偉大だ。あまりにも偉大なスイマーだ！

◆人間にも「疲れない筋肉」がある！

ニョロボンの驚異の泳ぎを可能にしているのは、その強靭な筋肉だ。「どんなに運動しても疲れることはない」というが、それはどんな筋肉なのか？　人間の筋肉を参考に考えてみよう。

人間の筋肉には「横紋筋」と「平滑筋」がある。横紋筋は、手足など体を動かす筋肉で、力は強いが、疲れやすい。平滑筋は、消化器などの内臓を動かす筋肉で、力は弱いが、どんなに動いても疲れることはない。「力の強さ」と「持久力」の関係は、ナルホド納得だ。

ところが、人間はその両方を兼ね備えたすごい筋肉を持っている。それは心臓の筋肉、いわゆる「心筋」だ。横紋筋の仲間なので、力は強い。なのに、疲れを知らない。まあ心臓が「ああ、疲れた。今日は休むか」なんて言ったら、たちまちオダブツですからなあ。

心筋がこのイイトコ独り占めの性能を持っているのには、秘密がある。心筋以外の横紋筋は、激しい運動をしたり、長く運動を続けたりすると、「乳酸」という筋肉を硬くする物質を生み出してしまう。これによって、筋肉が思いどおりに動かなくなるのが「疲れた」という状態だ。ところが、心筋は、どんなに長く動いても、乳酸を生み出さない。だから、母親のおなかのなかにいるときから死ぬまで、ずっと疲れずに動き続けることができるのだ。

ここから考えると、ニョロボンの筋肉も、人間の心筋のように、乳酸が生まれない仕組みが備わっているのではないだろうか。

とはいえ、22日と13時間も泳ぎ続けるとは、モノスゴイ。たとえ疲れなくても、エネルギーは消費するはずで、これに必要なエネルギーは1日に31万キロカロリー。22日と13時間で７１０万キロカロリーだ。普通サイズの１２０ｇのおにぎりにして3万3千個分。重量は４ｔ！

いくらニョロボンでも、54kgの重さで、こんなに食べてから泳ぎ始めることはできないだろう。

ひょっとして、泳ぎながら魚などを捕まえて食べるのだろうか。その場合、1匹100gの魚なら、毎日1470匹。1分に1匹！
太平洋を横断するニョロボンは、胃腸の力も優れているということだ。すごいなあ、ニョロボン。水泳を志した人間として、深々と尊敬する。

もぐらポケモン・ダグトリオから「地学」を学ぼう

ディグダが進化したダグトリオ。地下100㎞まで掘るとは、恐るべき掘削能力！

もぐらポケモン・ディグダについて、ポケモン図鑑には「地下1メートルくらいを掘りすすみ、木の根っこなどをかじって生きる。たまに地上に顔を出す」（『X』）と書かれている。「皮膚がとても薄いので、光に照らされると血液が温められて、弱ってしまう」（『Y』）という記述もある。ディグダは高さ0・2m、重さ0・8kg。とても小さくて、地味で、弱そうなポケモンだ。

このディグダが進化すると、ダグトリオになる。3体に増えただけじゃん！　顔も体も変わっ

ダグトリオ　タイプ じめん
もぐらポケモン
● 高さ 0.7m
● 重さ 33.3kg

▼ブラック2・ホワイト2
3つの　頭が　互い違いに　動いて
どんなに　硬い　地層も
地下100キロまで　掘り進む。

てないじゃん！　と思ってしまうが、図鑑を読むと、驚くべき進化を遂げている！

まず、高さが0・7mと、3・5倍に巨大化。重さはおよそ41倍の33・3kgに。さらに、上に掲げた解説のように、どんなに硬い地層でも、地下100kmまで掘り進むという！

ディグダのときには地下1mだったのに、いきなり地下100kmに!?　100kmとは10万mだから、つまり10万倍も深く掘れるようになったわけだ。3・5倍に大きくなり、41倍に重くなり、掘れる深さは10万倍に。3体に増えたからといって、10万倍とはモノスゴすぎないか!?

本項では、急に恐るべきヤツになったダグトリオについて考えたい。

◆地下の掘削記録とは？

本題に入る前に、考えてみたいことがある。ダグトリオの「重さ33・3kg」

というのは、3体合わせた重さなのか、それとも1体の重さなのか。実は筆者は「1体で33・3kg」の可能性もあるのでは……とニランでいる。

ダグトリオの高さはディグダの3・5倍だが、高さが3・5倍になると、体の横幅も前後の厚みも3・5倍になるから、重さは3・5×3・5×3・5＝42・9倍になるはずだ。ディグダの重さ0・8kgの42・9倍とは34・3kg。ダグトリオの重さ33・3kgにきわめて近い。体が大きくなると、体重はグッと重くなるのだ。1体で33・3kgなら、3体合計で99・9kg。いよいよ強そうだ！

さて、ダグトリオは地下100kmまで掘り進む。そこは、どんな世界なのだろう。現実世界のわれわれ人類も、実はそんな地下深くまで行ったことはない。観測機器を送り込んだことさえない。

人間がこれまでに潜った地下の深さ記録は、3・8km。南アフリカの鉱山の最深部だ。機械だけを潜らせた最大の深さは12km。地球内部の調査のために、1970年からロシア（当時はソビエト連邦）が、地下15kmを目指して掘り始めたミッションだ。19年後の89年に12kmに達したけれど、地下のものすごい高温と、圧力（まわりの岩から押される力）に穴を掘る機械の刃が耐えられず、それ以上掘り進むことはできなかった。

科学の力を駆使しても、19年かけて地下12㎞まで掘るのが精いっぱい。地下とは、それほど過酷な世界なのだ。なのにダグトリオは、3つの頭を互い違いに動かして、地下100㎞まで掘るという。人類が到達した最大深度の8倍である。

だが、ダグトリオの偉大さは、深さだけでは語れない。地下100㎞とは、ちょうどマグマが生まれる深さで、その温度は数百℃から1千℃。まわりの岩から押される圧力は1㎠あたり30t。ダグトリオの体格だと、およそ2万8千tの力がかかる！　これは、直径26mの岩を乗っけられるようなものだ。想像していただきたい。真っ赤に焼けたビルのような岩に押し潰されるという事態を……。

それに耐えつつ平然と、ダグトリオは掘り進む。冒頭に記したように、ディグダのときには皮膚が薄く、日光を浴びただけで血液が温まって弱っていたのに……。外見は変わらなくても、体が異様に頑健になったんですなあ、このもぐらポケモン。

◆どうやって掘り進む？

筆者が気になるのは、ダグトリオがどうやって地下100㎞まで掘り進むのか、である。

その方法は、ポケモン図鑑の解説文に、ちゃんと記されている。「3つの頭が互い違いに動いて」と。

この記述から、具体的な掘削シーンを想像してみよう。わかりやすさを考えて、ここでは3体のダグトリオをA、

B、Cと名づけよう。

①Aが他の2体より頭の分だけ深く潜る　②続いて、BがAより頭の分だけ深く潜る　③さらに、CがBより頭の分だけ深く潜る　①へ戻って、以下繰り返し

この動きを繰り返して、少しずつ潜っていくのでは……と筆者は想像する。だが、この地下の旅は、とても大変なはずだ。

1体のダグトリオが他のダグトリオより頭の分だけ深く潜るとしたら、右の①、②、③で頭の大きさずつしか潜れないことになる。ダグトリオのイラストからは、体のどこまでが頭なのかはわからないが、高さが0・7mということは、てっぺんから20㎝ぐらいまでではないだろうか。

もしそうなら、1回の動きで20㎝ずつしか進めないことになる。これで地下100㎞まで掘るには、頭を合計で50万回も動かさなければならない。1体あたり16万6667回だ！

ひえ～、硬い岩盤にそんなにアタマをぶつけちゃって、大丈夫⁉

これほどの苦労をして、地下100㎞を目指すダグトリオ。彼らの情熱を理解できるのは、19年も頑張り続けたロシアの科学者たちだけかもしれません。

がんこうポケモン・レントラーから「物理」を学ぼう

レントラーの目は壁の向こうも見える！いったいどんな仕組み⁉

えっ。ポケモン図鑑のレントラーの項を読んで驚いた。「瞳が金色に光るとき、壁の向こうに隠れている獲物を見つけることができる」（『オメガルビー』）。か、壁の向こうが見える⁉

このとき筆者の脳裏に浮かんだのは、あるカワイソウな友人の顔である。筆者が子どもの頃、マンガ雑誌などの裏表紙に、怪しい通信販売の広告が載っていた。そこには「背が高く見える靴」や「絵がうまくなる機械」などと並んで、「透視メガネ」が売られていた。壁の向こうが透

レントラー
がんこうポケモン

タイプ　でんき

● 高さ 1.4 m
● 重さ 42.0kg

▼オメガルビー
瞳が　金色に　光るとき
壁の　向こうに　隠れている
獲物を　見つけることが　できる。

けて見えるという！「絶対に悪用しないでください」と書いてあったが、う～む、悪用以外に使い道があるのかなあ。

これを、買ったのだ。いや、筆者じゃなくて、友人が。ボクは止めたんです。「きみっ、そんなの科学的にあり得ないよ。お金のムダだから、やめたまえ！」と。一週間後、友人に届いた透視メガネには、こんな説明書がついていたという。「壁に穴を開けて見てください」。なんじゃそりゃあ！

あのときのことを思い出すと、いまでも腹が立……いや、友人が気の毒でならない。そこで、友人のためにも考えよう。なぜレントラーには、壁の向こうが見えるのか。ねえ、なんで⁉

◆X線写真の仕組みとは？

根源的な問題から考えたい。なぜ人間には、壁の向こうが見えないのだろうか？

人間にものが見えるのは、物体に当たって跳ね返った太陽などの光が、目に飛び込んで「網膜」にある「光を感じる細胞」に捉えられるからだ。壁は光を通さないので、その向こう側でどれだけ光が跳ね返ろうが、壁のこっち側の目には届かない。だからメガネにどんな工夫をしても、壁の向こうは見られないのである。

ところが、光の仲間に「X線」がある。X線は、筋肉や内臓は通り抜けるが、骨にはさえぎられる。この性質を利用したのが「レントゲン写真」だ（「X線写真」ともいう）。体の手前にフィルムを置いて、向こう側から体にX線を照射すると、筋肉や内臓を通り抜けたX線が当たった場所は黒くなるが、骨にさえぎられた部分は、フィルムの白さがそのまま残る。

X線を発見し、最初にレントゲン写真を撮ったのは、ヴィルヘルム・レントゲンという物理学者だ。直ちに医学に応用されて、1901年に第1回ノーベル物理学賞を受賞した。

X線は、いろいろなものを通り抜けるので、現在では、空港の手荷物検査や、簡単に分解できない機械の内部や、仏像や絵画など美術品の内部を調べるのにも使われている。

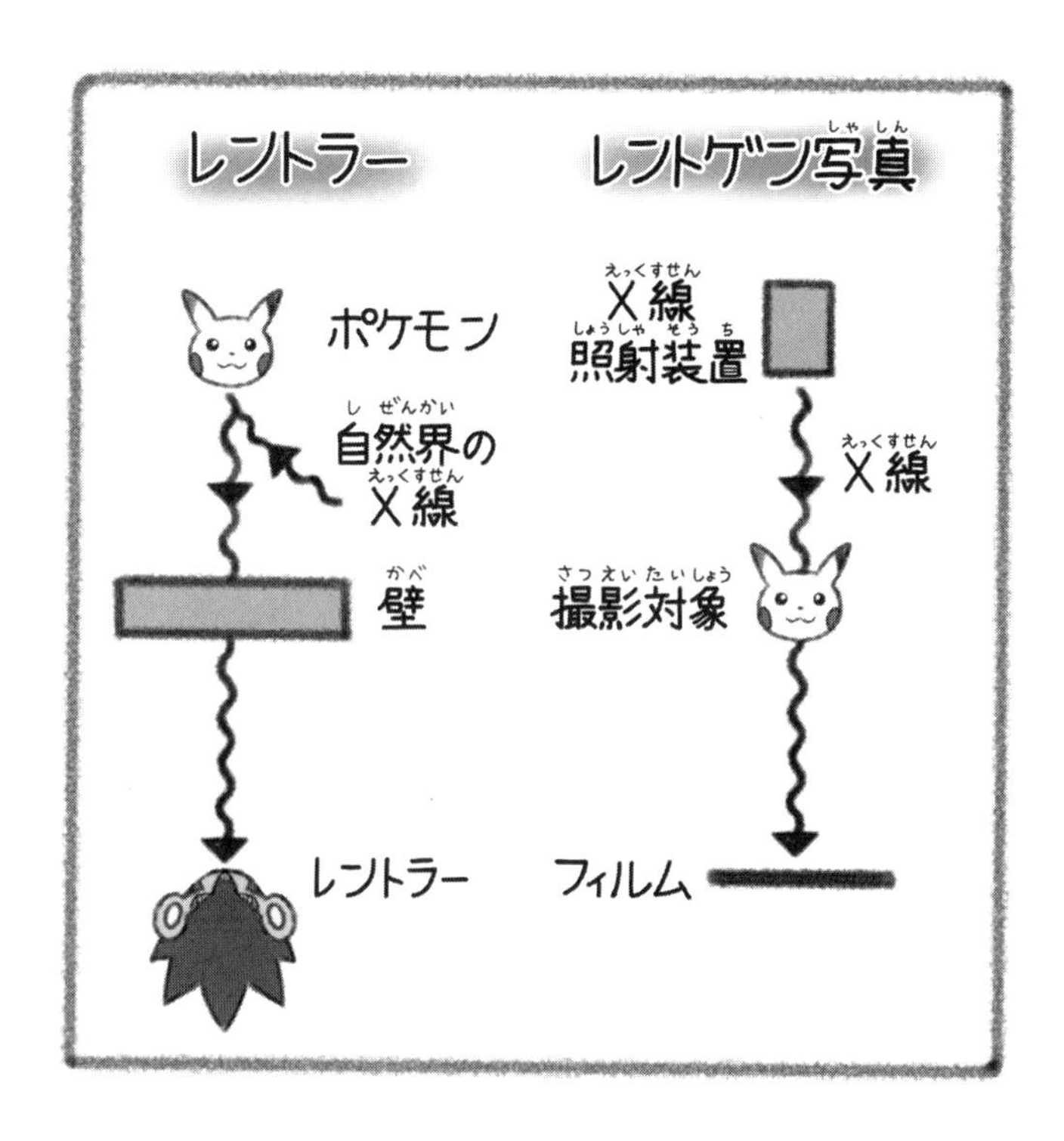

◆壁の向こうは見える？

では、X線を使えば、壁の向こうは見えるのか。気になるのは、そこですなあ。

X線は、コンクリートの壁をも通り抜ける。もっとも透過力のあるものは、壁の厚さが10㎝なら60％、厚さ20㎝でも35％が通過する。おおっ、だったら透視メガネも実現可能ということ⁉

と喜んでしまったあなたとわたしは、ぜひとも歴史に学ばなければなりません。レントゲン写真が雑誌に発表されると、たちまち世界で話題沸騰。1カ月後には、アメリカのトレントン市で「劇場でのX線オペラグラス禁止条例」が可決された。オペラグラスは、オペラ鑑賞用の双眼鏡。トレントン市議会は、X線を発射するオペラグラス（怪しい！）が発明されたと知って、「悪用されるかも！」と心配したわけですね。いつの時代も、人間の考えることに大差はありませんな。

しかし、これは無用の心配だった。レントゲン写真は、X線照射装置→撮影対象→フィルムの順番に並べて、初めて撮影対象を通過してきたX線がフィルムに写る。つまり、オペラグラスからX線を発射しても、その映像をオペラグラスで見ることはできないのだ。

では、レントラーの場合はどうだろう。自然界には、非常に微弱だが、宇宙や地下の物質からやってきたX線が飛び交っている。そのX線が、壁の向こうのポケモンに当たると、一部はポケモンの体を通過するが、一部は跳ね返って、壁を通り抜け、レントラーの目に届くことになる。レントゲン写真の例と比べると、「X線照射装置から放たれたX線＝ポケモンで跳ね返ったX線」↓「撮影対象＝壁」↓「フィルム＝レントラーの目」ということになる。レントラーの目が、その微弱なX線を捉えることができるなら、壁の向こうを見ることもできるだろう。

もちろんこれは、筆者の推測だ。しかし、この読みが当たっていたら、他のポケモンにとっては脅威でしかない。バトルの最中に物陰に隠れても、レントラーからは丸わかり。おまけに、体の内部まで見られてしまうのだから、大変だ。何にでも変身できるメタモンは、骨格まで正確に変身しないと見破られてしまう。ほほ袋にためた木の実のタネを飛ばして攻撃するミルホッグは、タネの残弾数まで見抜かれるし、石炭を燃やしてエネルギーを作り出すコータスも、石炭がどのくらい残っているかを察知されてしまう。ううむ、恐ろしいヤツだな、レントラー！

だが、ポケモン図鑑にはこんな記述もある。「壁の向こうも見える力で逃げた獲物を追いつめるほかにも、迷子の子供を捜したりする」（『ブラック2・ホワイト2』）。おおっ、おおおおっ！

レントラーは示してくれているではないか、透視メガネの悪用以外の使い道を！　筆者は感動しました。あなたもわたしも、もし透視メガネを手に入れることがあったら、レントラーを見習って正しく使いましょう。

こうもりポケモン・クロバットから「生物」を学ぼう

クロバットは進化して羽が4枚になった。どんなメリットがあるの？

クロバットは、ズバットからゴルバットを経て進化した「こうもりポケモン」だ。そのクロバットは、ゴルバットから進化するときに、画期的な変化を遂げている。足も羽になり、羽が4枚になったのだ！

そのおかげで、飛翔能力は格段に向上したという。ポケモン図鑑はこう述べている。

「4枚に増えた翼で暗闇を静かに飛んでいく。となりを通られても気づかない」（『X』）。

クロバット
こうもりポケモン
タイプ　どく　ひこう
● 高さ 1.8m
● 重さ 75.0kg
▼ブラック2・ホワイト2
4枚に　増えた　羽を　使い
さらに　速く　静かに　飛んで
獲物に　気づかれず　忍びよる。

「両足も羽になったことで、飛ぶのがうまくなった代わりに歩いたりするのは下手になった」（『ブラック・ホワイト』）。

羽が4枚になった一方、歩くのが苦手になったことを気にしているらしいが、現実の世界のコウモリも歩くのはヘタだし、水平飛行では鳥類最速のハリオアマツバメも、ほとんど歩くことはできない。一つの能力を高めた結果、他の能力が犠牲になるのはよくあることだ。気にしない気にしない。

それはともかく、科学的に考えたい。羽が4枚に増えると、飛翔能力は上がるのだろうか？

◆すごいぞ、4枚羽！

問題。現実の世界で、羽ばたいて飛ぶ生物は何でしょう？

答えは、鳥、コウモリ、昆虫。

では、さらに問題。このうち羽が4枚あるのは、どの生き物だろうか？

それは、昆虫だけだ。
鳥は恐竜から進化して、前足に羽毛が生えて翼になった。コウモリは、前足と後ろ足のあいだに弾力性のある膜ができて、飛べるようになった（後ろ足のあいだにも膜のあるコウモリもいるが、飛ぶためではなく、昆虫を捕まえるためと考えられている）。
昆虫の翅（昆虫の場合、ハネはこの字を使う）は、皮膚が変化してできたものだ。昆虫の体は「頭」「胸」「腹」の3つに分かれていて、そのうち胸に6本の肢と4枚の翅がついている。
現在確認されている地球の動物は175万種で、そのうち95万種が昆虫といわれているから、実は地球には羽が4枚ある動物がいちばん多いのだ。意外な事実である。それだけたくさんいる昆虫なので、翅の動かし方もいろいろなタイプがある。
トンボやバッタ……前翅と後翅を別々に動かす
チョウやセミやハチ……前翅と後翅をいっしょに動かす
カブトムシなどの甲虫……前翅を固定して、後翅だけを動かす
ハエやカ……後翅は退化。前翅だけを動かして飛ぶ

働きアリやノミやシラミ……翅は4枚とも退化

このうち、飛翔能力が高いのはどのタイプだろうか？

スピードが速いのは、トンボだ。なかでも速いのはギンヤンマで、平均時速60km、瞬間的には時速100kmを超えるという！

遠くまで飛べるのは、バッタだ。サバクトビバッタは、1日に100～200kmも飛び、一生のあいだにアフリカからインドまでの数千kmを移動するものもいる！

トンボもバッタも「前翅と後翅を別々に動かす」タイプだ。そして、クロバットも腕と足の羽を別々に動かせることは間違いない。ポケモン図鑑に「腕か足のどちらかだけで羽ばたいているときは、長い距離を飛んでいる証拠。疲れると羽ばたくハネを変えるのだ」（『オメガルビー』）という記述があるからだ。これならスピードも出るし、遠くまで飛べるだろう！

◆羽ばたかなくても飛べる！

ここから、もう一歩進んで考えたい。「腕か足のどちらかだけで羽ばたく」とは、休んでいる

羽があるということだが、この飛び方は科学的にどうなのだろうか。

再び自然界に目を向けると、実はワシやタカやアホウドリなどの大きな鳥は、ある程度の高さまで飛び上がったら、翼を羽ばたかずに飛ぶ。プテラノドンなどの翼竜も羽ばたかずに飛んだと考えられているし、いうまでもないけど飛行機も羽ばたかない。つまり「羽ばたく」ことは、飛ぶための絶対条件ではないのだ。

翼の断面は絶妙な形をしており、前から当たる風の力を、空中に浮かぶための力に変えることができる。このような飛び方を「滑空」という。体重の重い生き物が空を飛ぶには大きな翼が必要で、それを羽ばたくには強い力が要求される。エネルギーも消耗するので、大きな生き物ほど、滑空で飛んでいる。

クロバットも、ズバットやゴルバットに比べて、大きく重い。これは筆者の想像だが、羽ばたいている羽で前に進む力を生み出し、羽ばたいていないほうの羽で滑空する飛び方を身につけたのではないかなあ。羽が４枚あるからこそ可能な分業体制である。

という具合に、科学的にもヒジョ～に合点のいくクロバットの進化。ちょっと気になるのは、図鑑のイラストを見ると、４枚の羽の他に、ちらっと足らしいものが見えることなんだけど……。あれはいったい何だろうなあ？

どくガスポケモン・ドガースから「化学」を学ぼう

体内に毒ガスが詰まっていて、ときどき爆発するドガース。笑っているのはなぜ!?

うむむ。なんだろうか、ドガースのこの笑顔。満面の笑みを浮かべているけど、天真爛漫な微笑みではなく、何かウラがありそうな感じ。いったい何がそんなに嬉しいの？

などと思いながら、ポケモン図鑑を読むと、実にオソロシイことが書いてある。「薄いバルーン状の体に猛毒のガスが詰まっているので、ときどき大爆発を起こす」（『ブラック2・ホワイト2』）。

ドガース
どくガスポケモン
タイプ　どく
● 高さ 0.6m
● 重さ 1.0kg
▼ブラック2・ホワイト2
薄い　バルーン状の　体に
猛毒の　ガスが　詰まっているので
ときどき　大爆発を　起こす。

で〜っ、笑ってる場合じゃない！

「ときどき大爆発」って、キミ、それで大丈夫なの？　それほど重要な事態が「ときどき」起こるって、どういうコト!?

まあ、そこは科学を超えたポケモン世界の不思議で、大爆発してもドガースは大丈夫なのだろう。だとしても、筆者は心配だ。それは、周囲への被害。ドガースの体には猛毒のガスが詰まっているというのに、そんな体で大爆発したら、まわりの人間やポケモンたちも道連れになるのでは……？

謎めいて、キケンな香りのするポケモンである。本項ではドガースの爆発について考えよう。

◆なんと科学的なポケモンだろう！

ドガースに関して、さらにポケモン図鑑を調べると、次のようなことが書いてある。

「空気よりも軽いガスを体にためて浮かんでいる。ガスはくさい上に爆発する」(『Y』)。

「生ゴミと体の毒素を化学反応させることで、猛毒のガスをつくりだす。気温が高いほどガスが沢山できる」(『アルファサファイア』)。

ふ〜む。ドガースがキケンなポケモンであることに変わりはないが、これらの記述を読む限り、まことに科学的なポケモンではないか。ここからわかることを、理科の言葉で整理すれば、ドガースのガスは、次のような性質があるわけだ。①有毒で、②空気より軽く、③臭いがあり、④可燃性、⑤「生ゴミと毒素の化学反応」で発生する。

「化学反応」とは、物質が変化して別の物質になることで、たとえば、重曹とクエン酸をコップに同じぐらいずつ入れて、水を注ぐと、シュワシュワと泡が出てくる。この泡は二酸化炭素で、つまり「重曹」と「クエン酸」を混ぜると、化学反応によって「二酸化炭素」と「クエン酸ナトリウム」という別の物質に変わるのだ。この実験、重曹もクエン酸もドラッグストアなどで入手できるし、家庭でやっても危険はありません。ぜひやってみて！　ただし、どちらも純度100%のもので。

化学反応では、このように気体（ガス）が出てくることがある。ドガースの毒ガスが、体内の毒素と生ゴミの化学反応によって生まれるのは、まことにナットクできる現象なのだ。

もう一つ注目したいのは「気温が高いほどガスが沢山できる」という表記。右の実験で、水の代わりにお湯を注ぐと、泡の出方は驚くほど激しくなる。化学反応は、温度が高いほど盛んに進むのだ。この点もヒジョ～に科学的。やー、スバラシイじゃないか、ドガース！

◆キケンか、キケンじゃないか？

待て待て、何がスバラシイものか。うっかり喜んじゃったけど、化学の勉強の役に立つからといって、それで「めでたし、めでたし」と終わりにするわけにはいかんだろう。

だって、ときどき爆発するんだよ？　そして、周囲に毒ガスをまき散らすんだよ⁉　「ポケモンだいすきクラブ」では「もやもやドガース　ポケモン世界紀行」という企画ページのなかで、ドガースがポケモン世界をふらふらと浮遊しながら、各地の特色などを紹介しているけど、いつ大爆発するかと思うと、筆者は気が気じゃありません。

なぜ、ドガースは爆発するのか？　現実世界の植物には、ホウセンカのように、実が弾けて種をまき散らすものがいる。またミズタマカビというカビは、胞子の入った袋の付け根を、太陽熱で温めた水蒸気の力で爆発させて、胞子の袋を遠くへ飛ばす。ホウセンカの場合は「爆発」とはいえないが、このように子孫を増やすために、破裂や爆発を利用する生き物は確かにいる。

ドガースの爆発も、何かの役に立っているのかもしれない。仲間を増やすためでないなら、たとえば爆発することで「俺たちは危険なポケモンだぞ」と他のポケモンに警告しているとか。でも、あまりにも物騒だよなー、その方法。

……と、ここまで書いて、筆者は気づいた。そもそもドガースの爆発は、本当にキケンなのか？

ドガースの体は、薄いバルーン状。すると、毒ガスが発生する化学反応も、バルーンのなかで起こるのだろう。その場合、反応が進んでも、「化学反応では、物質の重さは変わらない」という「質量保存の法則」によって、ドガースの重さは変わらないはずだ。

つまりドガースの体内で化学反応が進んで、どんどん毒ガスが作られると、質量保存の法則により、重さが変わらないまま体積だけが増えていく。ドガースは熱気球のように、空高く上昇す

るだろう。爆発が起こるのは、はるか空の上。しかも、飛び散る毒ガスは空気より軽いから、さらに上昇して、地上には影響ナシ……ということになるのでは？

ややや。まったく物騒じゃないぞ、ドガース。そう考えると、あの微笑みも「僕たちは爆発するけど、危なくないよー」といってるように思えてきますなあ。ホントはどうなんだろう？

せんりつポケモン・メロエッタから「生物」を学ぼう

メロエッタは歌で感情を操るという！そんなことができるのかなあ。

「せんりつポケモン・メロエッタ」と聞いて「戦慄!? どんだけ怖いポケモンだ!?」などと思った、ワタクシのような人はいませんね。メロエッタは、髪の毛が五線譜のようにも見える。せんりつとはたぶん「旋律」のことで、旋律とはメロディのこと。音楽に優れたポケモンなわけです。ポケモン図鑑には「メロエッタの奏でる旋律は、周りのポケモンを喜ばせたり、悲しませるほどのパワーがある」（『ブラック2・ホワイト2』）とある。自分の経験から考えても、楽しい歌を

メロエッタ　タイプ ノーマル エスパー
せんりつポケモン
●高さ 0.6m
●重さ 6.5kg
▼ブラック2・ホワイト2
メロエッタの　奏でる　旋律は
周りの　ポケモンを　喜ばせたり
悲しませるほどの　パワーがある。

聞けば心が浮き立ち、悲しい歌を聞けば気分が沈んでしまう。メロエッタの奏でる音楽が、人の気持ちを変える力を持っていても、まったく不思議ではない。

ところが、それだけに留まらないのが、このポケモンのすごいところだ。「特殊な発声法で歌うメロディは、聞いた者の感情を自在に操る」（『Y』）という。メロエッタは、音楽を聞かせることで、なんと相手の感情を自在に操ることができる！

これは大変だ。バトルの最中に、悲しい気分や絶望的な気持ちにさせられたら、戦いどころではなくなるのでは……？

だが、純粋に気になる。音楽に、そこまでの力があるのだろうか。

◆音楽と感情の関係とは？

この問題について悩んでいたところ、音楽が人の心に与える影響を研究する「音楽心理学」という学問分野があることを知った。そこで『音楽心理学入門』（星野悦子 編著／誠信書房）という本を買って勉強したところ、ほほう、いろいろなことがわかりましたぞ。

まず、音楽が人間の感情に影響を与えることは、科学的にも確かめられているようだ。

人間の感情をどう分析するかについて、多くの学者に支持されているのは、感情は「快－不快」と「覚醒－眠気」の組み合わせで生まれるという理論だ。たとえば、次のとおり。

・「快」で「覚醒」していると、「嬉しい」や「楽しい」という感情が生まれる
・「快」で「眠気」があると、「気楽な」や「くつろいだ」気分になる
・「不快」で「覚醒」していたら、「怒った」や「いらいらした」状態になる
・「不快」で「眠気」があれば、「みじめな」や「悲しい」気持ちになる

具体的にどんな感情になるかは、「快－不快」と「覚醒－眠気」の度合いによって決まるという。

ナルホド、納得ですなあ。

そして、「快－不快」と「覚醒－眠気」は、心臓の鼓動、血圧、筋肉の緊張、皮膚の温度などを変化させることが明らかになった。１９９０年代のことだ。

21世紀になって、脳の活動を調べることができるようになると、さらに面白いことがわかった。人間は、脳の中心部で「好き」「嫌い」「怖い」「安心」などの生きるために必要な感情が生まれ、脳の表面で記憶や思考を行ったり、言葉を操ったりしている。そして、音楽を聞かせたときに、活動が活発になるのは、脳の中心部だというのだ！

人間には「頭では安全とわ

かっているけれど、なんとなく怖い」といった、自分ではコントロールできない感情がある。音楽は、そうした感情に影響を与えられると判明したのである。

また、これは『音楽心理学入門』に出てきた話ではないが、世界的なバイオリニストのジャック・ティボーが動物園へ行って、クロヒョウに優しい曲を弾いてやったらおとなしくなり、激しい曲を弾いたら威嚇してきたという。脳の中心部の構造は、人間も動物もよく似ているから、動物にも音楽はわかるのだろう。

ここから考えると、メロエッタの音楽が、ポケモンたちの感情を操ることも充分に可能ということにならないか。その旋律を聞いたポケモンが、たとえばモーレツな恐怖心を覚え、戦意を喪失しても、科学的には不思議ではないのだ。

◆わあっ、対処方法がない!

『音楽心理学入門』のなかから、もう一つ面白い実験例を紹介したい。

歌には、メロディやリズムの他に、歌詞という要素もある。そこで、言葉の力と旋律の力を比較するために、「悲しい歌詞で楽しいメロディ」の歌と「楽しい歌詞で悲しいメロディ」の歌をたくさんの人に聞かせたところ、多くの人がメロディに一致した感情を覚えたという結果が出た。もちろん、歌詞にも大きな力があるのは確かだが、メロエッタは旋律を操るから、より感情に訴える力が強いのではないだろうか。

そして、ポケモン図鑑にはこんな記述もある。「メロエッタの奏でるメロディにインスピレーションを受けて作られた名曲は多い」（『ホワイト』）。メロエッタのメロディが、優れた作曲家をも感動させるほどの大名曲だということだ！

これはもう、メロエッタの音楽には、ポケモンも人間も脳の中心部を刺激されて、感情を自由自在に操られてしまうだろう。メロエッタと戦うポケモンたちには気をつけてもらいたい。といわれても、どうしようもありませんな。筆者だったら、もうあきらめて聞き惚れます。

かみなりポケモン・サンダースから「物理」を学ぼう

体内にためた電気で体毛を飛ばすサンダース！その威力はどれくらい？

サンダースの得意技は、体毛をミサイルのように飛ばすこと。これに関するポケモン図鑑の2つの記述が、めちゃくちゃカッコイイですぞ。連続して読んでいただきたい。

「体内に電気がたまると、全身の体毛が全部鋭くとがりはじめる」（『X』）。「体内に電気をためることで逆立てた全身の体毛を、ミサイルのように次々飛ばす」（『ブラック2・ホワイト2』）。

どうやって体毛をミサイルのように飛ばすのか、原理と過程が示してある！　体毛が徐々にと

サンダース
かみなりポケモン

タイプ　でんき
● 高さ 0.8m
● 重さ 24.5kg

▼ブラック2・ホワイト2
体内に　電気を　ためることで
逆立てた　全身の　体毛を
ミサイルのように　次々　飛ばす。

がっていくサンダースの様子を想像すると、胸が躍りませんか⁉

他のポケモン図鑑にも「細胞の出す弱い電気を、体毛の静電気で増幅させカミナリを落とす」（『オメガルビー』）や「空気中のマイナスイオンを吸い込んで、約１００００ボルトの電気を吐き出すことがある」（『Ｙ』）との記述がある。

これらを総合すると、サンダースは体の細胞で弱い電気を作って増幅し、雷を落としたり、電気を吐き出したり、体毛をミサイルのように発射したりするのだと思われる。自由自在に電気を操るポケモンなのだ。

◆なぜ人間は、体毛を飛ばせない？

現実の世界でも、生き物の体や機械に静電気がたまる。

寒い冬、ドアのノブを触ろうとすると、バチッと電気の火花が飛ぶことがある。ヒジョーに痛いけど、あれが静電気だ。またトラックのなかには、鎖をジャラジャラ引きずりながら走っているものがある。あの鎖は、車にたまった静電気を道路に逃がしているのだ。

静電気は、物と物がこすれ合ったり、接しているものを引き離したりするときに発生する。体に静電気がたまるのは、動いているうちに、体と服や、服と服がこすれるから。車の静電気は、タイヤが回転するときに、道路に接した部分が、路面から離れることによってたまる。

では、静電気がたまることで、体毛を飛ばすことはできるのだろうか。

たとえば、サンダースの体にプラスの静電気がたまるとしよう。その場合、皮膚にも体毛の一本一本にも、プラスの静電気がたまるだろう。磁石のN極とN極が反発するように、静電気のプラスとプラスも反発する。この結果、一本の体毛は、皮膚や他の体毛から遠ざかろうとして、ピンとまっすぐ伸びることになる。「体内に電気がたまると、全身の体毛が全部鋭くとがりはじめる」という現象は、こうして起こるのではないだろうか。そして静電気の力が、体毛の毛根の力を超えたとき、体毛は抜けて発射される……はず。

静電気がたくさんたまるほど、体の電圧は高くなり、発射される体毛のスピードも速くなるだろう。では、どれほどの電圧になれば、体毛が発射されるのだろうか。

ここで気になるのは、図鑑の「約１００００ボルトの電気を吐き出すことがある」という記述である。サンダースが体毛を発射するための電圧も１万Ｖということ？

筆者が思うに、おそらくそうではない。ここで皆さんに驚くべきことを伝えたい。人間の体にたまる静電気の電圧も、およそ１万Ｖなのです！　じゃーん！

でも、その電圧の静電気では、とても体毛が抜けるほどの力は生まれない。１万Ｖで体毛を飛ばせるなら、あなたも私もバリバリ体毛を飛ばせるはずだからね。

ということは？　そう、サンダースの体にたまる静電気は、１万Ｖどころではないということだ。口から吐く電気は１万Ｖでも、体にためられる電気はもっと電圧が高いと考えられる。

具体的にどれほどだろうか。人間の髪がどれくらいの力で抜けるかを実験してみたところ、一本あたり３００ｇだった。サンダースの体毛の毛根も、これと同じ力を受けたときに抜けると仮定すれば、体にたまった静電気の電圧は３億３千万Ｖということに！　ものすごい！

しかし自然界の雷は、電圧が１億〜２億Ｖといわれる。前述のようにサンダースは雷も落と

せるのだから、体に3億Vクラスの電圧をためられてもまったく不思議ではないと筆者は思う。

◆痛いほど威力がすごい！

その体毛ミサイルはどれほどの威力を持つのか。生き物の体毛には、硬くてまっすぐな「刺毛」と、柔らかくて縮れた「綿毛」がある。犬などの刺毛は、人間の髪と同じぐらいの太さだ。サンダースの場合も、飛ばして威力があるのは刺毛だろうから、その太さを人間の髪と同じ0・1㎜と仮定しよう。またイラストから、長さは20㎝と考えよう。

この刺毛を3億3千万Vの静電気の力で飛ばしたら、そのスピードは時速5200㎞＝マッハ4・3になる！　図鑑の「ミサイルのように次々飛ばす」という説明もナットクの高速だ。

体毛のように細いものが、こんなスピードで飛んできたらたまらない。硬ささえ充分なら直径2・6ｍの大木を貫通する！　これが次々に……むひ～っ、カンベンしてください。

だが、筆者はサンダースがちょっと心配だ。体毛が抜けて、痛くないのだろうか。無理に引っ張られて抜けるわけじゃないけど、自分で飛ばしても痛いのでは……。

体毛の抜けやすさは、毛によってさまざまだが、静電気で飛ばす以上、抜けにくいもののほうが威力は増すはずだ。たとえば500ｇの力でなければ抜けない体毛は、4億2千万Vにならないと発射されず、いざ発射されたらマッハ5・5で飛んでいく！　つまり、抜けるときに痛い毛ほど、それだけ威力もある……のでは？

ちょっと気の毒だけど、やっぱりすごそうなサンダースの体毛である。

だっぴポケモン・ズルッグから「生物」を学ぼう

脱皮した皮で身を守るズルッグ。ねえ、そのままでいいの？

なんとも気だるい雰囲気を漂わせているなあ、ズルッグ。中学時代、こういう感じの友達がいたんだよね。一見ワルそうだけど、実は気が弱くて、勉強は苦手で、憎めないヤツで……。いや、それは筆者の友達の話。アタマを切り替えて、ズルッグの姿を観察すれば（うーん、やっぱり友達に似てる）、どうしても目につくのは、下半身を袋のようなものに入れていることだ。ポケモン図鑑には「皮を首まで引き上げて防御の姿勢。ゴムのような弾力でダメージを減らす」

ズルッグ
だっぴポケモン
タイプ　あく　かくとう
● 高さ 0.6 m
● 重さ 11.8kg
▼X
皮を　首まで　引き上げて　防御の　姿勢。ゴムのような　弾力で　ダメージを　減らす。

（『X』）とあるから、あれは防御に役立っているらしい。「だっぴポケモン」という名前から考えても、脱皮した自分の皮なのでしょうなあ。

脱皮とは、生き物が皮を脱ぐこと。とくに昆虫の場合は、これによって成長するのに加え、さなぎから脱皮して成虫になるとき、姿を大きく変える。

これになぞらえて、人が成長することも「脱皮」といいますね。「柳田理科雄の原稿、最近面白くなったね」「あいつもようやく脱皮したか」というふうに。わー、言われたいもんだなあ。

妄想はともかく、筆者は気になっている。脱皮した皮にいつまでも入っていて、しかもそれを防御に使っているとしたら、ちょっと後ろ向きの姿勢ではないか。それでいいのか、ズルッグ？

◆ガラガラヘビに学ぶと？

そもそも脱皮とは、どんな現象なのか。脱皮には大きく2種類あって、昆虫やクモやエビなどの脱皮と、それ以外の脱皮に分けられる。学校の試験にはたぶん出ないけど、なかなか面白いよ。

昆虫やクモやエビは、体が硬い殻に包まれた「節足動物」だ。節足動物の体は、殻の内部は成長するが、殻は成長しない。このため、決まった時期が来ると、殻が割れて、軟らかい体が外に出てくる。これが脱皮で、節足動物は脱皮を繰り返して大きくなる。昆虫の場合は、脱皮と同時に、姿を大きく変える「変態」をすることもある。

他の動物はどうか。ヘビやカメやワニなどの爬虫類や、カエルやオオサンショウウオなどの両生類も脱皮する。ただし、これらの脱皮は、古い皮膚を脱ぎ捨てるだけで、成長には関係がない。人間の体から垢が出たり、髪が抜け替わったりするのと同じなのだ。

これらの生き物の脱皮には、いろいろなパターンがある。カメは、皮膚や甲羅の表面が剥がれ落ちる。ワニは古いウロコがボロボロと落ちる。カエルは口で古い皮膚を剥がして食べる。ヘビは、全身の皮膚が元の形を保ったまま、はいた靴下を裏返すように、頭からスルリと抜け出す。

こうしてみると、ズルッグの脱皮は、ヘビの脱皮に近いのではないだろうか。脱いだ皮が元の形を保っているし、その中に入れるということは、脱皮しても体は大きくならないのだろう。で、気になる「脱いだ皮にいつまでも入っているのはどうなのよ」問題だが、これを書きながら思い出したのが、現実の世界のガラガラヘビである。最大で体長2・4mにもなるこの毒ヘビは、1回目の脱皮では皮を脱ぎ捨てるが、2回目の脱皮からは、皮を尻尾に残しておく。これが積み重なって乾燥すると、尻尾を振った際に「ジジジ、ジャー！」という不気味な音が出るのだ！

ガラガラヘビのこの音は、敵を威嚇して近づけないため。なかでも、体重が1tもあるアメリカバイソンに踏まれないようにするためだという。つまりガラガラヘビも、脱皮して脱いだ皮を防御のために使っているわけ。おお、それってズルッグと同じじゃん！

◆どんどん評価が上昇する！

後ろ向きかと思ったズルッグだが、ガラガラヘビにならえば、実はそうでもない気がしてきました。人の評価というものは、このようにアッサリ変わります。気にかける必要はありませんね。

では、その皮の防御力はどれくらいなのか。図鑑には「皮を首まで引き上げて」「ゴムのよう

な弾力でダメージを減らす」とあるが、弾力性のある皮を首まで引き上げてピンと張れば、パンチやキックや、ミルホッグが口から吹き出すタネなどを柔らかく受け止めて、ダメージを軽減できるだろう。またピカチュウたちの電撃も、皮で受け止めれば、電気は皮を伝わって地面に流れていくから、体には流れずに済む。ややや っ、評価がますます好転してきたぞ。

しかし、皮を首までしか引き上げないのなら、頭はどうやって守るのだろう？

実はこれについても、ポケモン図鑑に答えがある。「頑丈な頭蓋骨が自慢。いきなり頭突きをかましてくるが、重さで自分もフラフラしてる」（『アルファサファイア』）。

ここ、注意が必要である。頭突きをかますと、自分もフラフラすることがあるが、これはかましたほうも脳に衝撃を受けるからだ。でも、ズルッグがフラフラするのはそのためではなく、頭が重いから。自分がフラフラするほど重く、頑丈なアタマ。それは誰も攻撃してこないだろうから、防御する必要もないだろう。

首から下をゴムのような弾力のある皮で守り、重くて硬い頭で攻撃するズルッグ。これ、案外と強いのではないか。敵は攻めるに攻められず、ひたすら頭突きをかわすしかない。

脱皮した皮を捨てずに、防御に使うズルッグは、自分の特徴を知りつくし、それを最大限に活かしているポケモンなのだった。なんて立派なんだ、ズルッグ！――って、冒頭と締めくくりで、これほど露骨に評価を変えちゃって、われながらどーよ!?と思いますが。

スチームポケモン・ボルケニオンから「物理」を学ぼう

ボルケニオンは水蒸気で山を吹き飛ばすという。恐ろしいほど強い！

「ほのおタイプ」のポケモンは「みずタイプ」に弱い。炎に水をかければ消えるから、納得の相性である。

ところが、ボルケニオンは「ほのお・みずタイプ」。相反する2つの性質を両方とも持っている。このおかげで手に入れたと思われるのが、背中のアームから水蒸気を噴射する能力だ。

水蒸気の力はものすごい。現実の世界の火力発電所では、水蒸気の力で電気を作る。ロケット

ボルケニオン　タイプ　ほのお　みず

スチームポケモン

● 高さ 1.7m
● 重さ 195.0kg

▼Y

背中の　アームから
体内の　水蒸気を　噴射する。
山　ひとつ　吹き飛ばす　威力。

も、タンクに積んだ液体水素と液体酸素を反応させ、発生する水蒸気の力で飛ぶ。火山のマグマが地下水に近づくと「水蒸気爆発」と呼ばれる噴火を起こす。

ボルケニオンが噴き出す水蒸気の威力もすさまじい。「背中のアームから体内の水蒸気を噴射する。山ひとつ吹き飛ばす威力」（『Y』）というのだから！

水蒸気は、水に熱を加えると生まれるから、この驚異の破壊力も、ボルケニオンが「ほのお」と「みず」の両方を兼ね備えているからこそ、可能になったといえるだろう。では、その威力はどれほどだろうか？

◆その水蒸気は、どれほど熱い!?

ボルケニオンは、背中に巨大なリングがついている。これが真ん中から2つに分かれて2本のアームになり、その先端から水蒸気を噴射する。

これは強力な攻撃だ。水は100℃で沸騰して水蒸気になるから、ボルケニオンの水蒸気も100℃を超えていることは間違いない。相手は「100℃を超える水蒸気を浴びる」＆「水蒸気で吹き飛ばされる」というダブルの攻撃を受けることになるわけだ。たまりませんな〜。

だが筆者は、実際にボルケニオンが噴き出す水蒸気は、100℃どころではないのでは……とニラんでいる。なぜなら、ボルケニオンの水蒸気は「山ひとつ吹き飛ばす威力」があるからだ。これは、ちょっと信じがたいチカラだと思う。

冒頭で紹介した「水蒸気爆発」のように、水蒸気で山が吹き飛ぶ現象は、現実の世界でも起こる。水蒸気爆発はマグマが地下水を熱して、高温の水蒸気が大量に発生する現象で、水蒸気の温度は千℃にも達する。水は水蒸気になると、100℃でも体積が1700倍、千℃なら5800倍にも膨れ上がるから、強烈な破壊力になるのだ。

それでも、現実世界の水蒸気爆発で吹き飛ぶのは、山の一部だけ。ボルケニオンは「山ひとつ」を吹き飛ばすというのだから、そんじょそこらの水蒸気爆発のレベルではありませんぞ〜。

ボルケニオンが吹き飛ばす山が、高さ1千mだと仮定しよう。高さと直径の比率が富士山と同じなら、山の直径は11㎞になる。この規模の山を吹き飛ばすには、山を作る２００億ｔほどの岩石を打ち砕いて、それらの破片を吹き飛ばす必要があるだろう。必要なエネルギーは、破片が飛ぶ距離によっても違うが、山の直径と同じ11㎞ほど遠くへ吹き飛ばすとしたら、それを可能にするエネルギーは……あわわっ、爆薬２億５千万ｔ分！

　これほどの爆発を、ボルケニオンは体内の水蒸気で起こすというのだからすごすぎる。ボルケニオンは高さ１・７ｍ、重さ１９５㎏だから、体内にためられる水は１００㎏ほどではないだろうか。それは家庭用の浴槽に半分ほどの量にすぎない。

　たったこれだけの水から生まれる水蒸気が、爆薬２億５千万ｔ分のエネルギーを持つとしたら、モノスゴイ高温になっているはず。その温度を計算すると……うわーっ、５兆６千億℃だあ！
太陽の表面温度は６千℃。中心部でさえ１５００万℃。５兆６千億℃などという高温は、ブラックホールの近くでしか発生しない。

　あまりにすごい。他のポケモンがこんな水蒸気を浴びせられたら、瞬間的に蒸発してしまいます。さあ、ボルケニオンを見かけたら、逃げろや逃げろ。

◆どこまでも飛べる!?

ここまで威力のある水蒸気を噴き出すことができるとなると、ボルケニオンが水蒸気を出す反作用で自分の体を持ち上げた場合、どこまで飛ぶことができるのだろうか。

飛ぶのが目的なら、水蒸気に5兆6千億℃もの高温は必要ない。ロケットが噴き出す水蒸気は、3千℃なのだ。

ボルケニオンの水蒸気の温度も3千℃だとしたら、アームの直径などから計算すると、１秒間に２・９kgの水蒸気を噴射すれば、自分の重さ１９５kgと、水の重さ１００kgを支えて、空を飛べることになる。その場合、飛んでいられる「滞空時間」は34秒だ。

滞空時間は、温度が高いほど長くなる。４千℃なら40秒、１万℃なら62秒。あまりに温度を高くしたり、一気に大量の水蒸気を噴き出したりすると、宇宙の果てまで飛んでいくことになるので、充分に気をつけないと……。念のため、さっきの考察で出てきた５兆６千億℃で飛んだらどうなるかを計算してみると……どしぇ〜〜〜っ！　たった０・００１４秒で宇宙に飛び出し、地球の重力を振り切って、二度と帰ってきません。さようならボルケニオン〜〜。

などという悲劇が起こらぬよう、ボルケニオンにはその強すぎる水蒸気を調整しながら戦っていただきたいと思います。

ねずみポケモン・ラッタから「生物」を学ぼう

アローラ地方のラッタは太っている！ な、なぜだっ!?

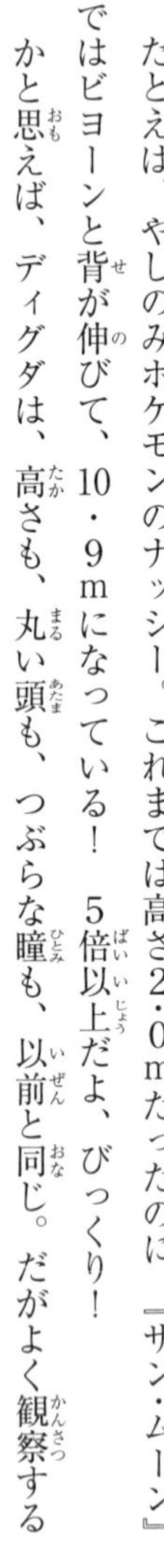

『ポケットモンスター　サン・ムーン』には、科学的に注目すべきグループが存在する。昔からポケモンの世界にいながら、これまでとは違った姿で登場するポケモンたちだ。

たとえば、やしのみポケモンのナッシー。これまでは高さ2・0mだったのに、『サン・ムーン』ではビヨーンと背が伸びて、10・9mになっている！　5倍以上だよ、びっくり！

かと思えば、ディグダは、高さも、丸い頭も、つぶらな瞳も、以前と同じ。だがよく観察する

ラッタ
ねずみポケモン
タイプ ノーマル
● 高さ 0.7m
● 重さ 18.5kg

▼ブラック2・ホワイト2
意外と　凶暴な　ポケモン。
長く　伸びた　キバは　分厚い
コンクリートも　簡単に　削る。

と、頭に3本の金色の髭が生えているじゃないの！

こうした変化が起こったのは、『サン・ムーン』の舞台となっているアローラ地方が、これまでの地域とは環境が違うためらしい。それに適応し、長い時間をかけて変わった姿かたちが「リージョンフォーム」。外見だけでなく、タイプや使えるわざが変わったものもいるという。

なかでも、筆者がギョッとしたのはラッタだ。

これまでのラッタは「高さ0・7m、重さ18・5kg」だった。ところがアローラ地方のラッタは、高さは同じく0・7mなのに、重さがなんと25・5kg。外見も「これがラッタなの!?」と思うほどに丸々と太り、ほっぺたなどパンパンに膨らんでいる！　ラッタにいったい何が起こったんだッ!?

◆もともとのラッタとは？

ラッタとはどんなポケモンなのか。これまでのラッタについて、ポケモン

ラッタ　アローラのすがた タイプ **あく** **ノーマル**
ねずみポケモン
● 高さ 0.7m
● 重さ 25.5kg

▼ムーン
餌の　味と　鮮度に　こだわる
グルメな　ポケモン。ラッタが　棲む
レストランは　アタリと　いわれる。

図鑑を調べてみると、「丈夫なキバはどんどん伸びるので、岩や大木をかじって削っている。家のカベをかじられることもあるよ」（『オメガルビー・アルファサファイア』）。「意外と凶暴なポケモン。長く伸びたキバは、分厚いコンクリートも簡単に削る」（『ブラック2・ホワイト2』）。

キバが伸び続ける！　だから、いろいろなものをかじって削る！

なかなか迷惑なポケモンだが、現実の世界に目を転じても、ネズミやウサギなど、歯が一生伸び続ける動物はいる。人間は永久歯が生えそろったら、もう伸びることはないが、なぜネズミの歯は伸び続けるのだろう?

伸び続ける歯を「常生歯」という。ネズミ目（ネズミ、リス、ハムスター、ビーバー、カピバラ、など）の前歯、ウサギのすべての歯、ブタ、イノシシ、カバの下の犬歯、ゾウの牙（実は前歯）が常生歯だ。

人間の歯は、根元も他の部分と同じように硬いが、常生歯の根元は軟らかい組織になっていて、ここで新しい歯が作られ続けている。ネズミやウサギは、歯をこすり合わせたり、硬いものをかじったりすることで、歯の伸びすぎを防ぐと同時に、先端を鋭く研いでいるから、伸び続けないと困ることになる。伸びるスピードは、１日に０・３㎜から０・５㎜。なんと人間の髪が伸びる速さと同じくらい。ネズミは人間よりずっと体が小さいから、歯が１㎜も長くなったら、食べ物が食べにくくて大変だろう。なるほど、だから休みなく歯を研ぐ必要があるわけだ。

この例から考えると、大木や石やコンクリートをかじるラッタは、さらに大変かも。大木はともかく、石やコンクリートはネズミたちがかじるものより、ずっと硬いだろう。ということは、ラッタの歯は、ネズミやウサギの歯より、ずっと速く伸びるのかもしれない。どんどんかじらなければ、口を閉じることもできなくなって、困ってしまうことになる。

◆ラッタはなぜ太ったか？

このラッタ、『ブラック２・ホワイト２』に「意外と凶暴なポケモン。長く伸びたキバは、分厚いコンクリートも簡単に削る」とあるように、何でもかじるキケンなポケモンである。

ところが、アローラ地方のラッタについては、こうある。「餌の味と鮮度にこだわるグルメなポケモン。ラッタが棲むレストランはアタリといわれる」（『ムーン』）。……え⁉ なんだか全然違うんですけど。グルメなんて要素は、これまでのラッタには微塵もなかったぞ。アローラ地方のラッタは、グルメになって太ってしまった？

ラッタの変化について、

『サン・ムーン』の公式サイトはこう説明する。「都市部を中心に生息しているため、これまでに発見されていたラッタよりも高カロリーの食事をしており、太っている」。わあっ、やっぱり！　これまでのラッタは石や大木をかじっていたのだから、おそらく山や森に棲んでいたのだろう。それが都市部で生息するようになり、餌も贅沢になって、太ってしまったのだと思われる。

さらに、こんな説明もある。「ラッタは、鮮度のいい果実や、高級食材のみを判別して食べる。この能力を利用し、とある高級レストランでは、食材の仕入れにラッタを連れて行ったり、新作の味見をさせているという噂もある」。なんとまあ、グルメもグルメ、超グルメ！　しかし、あくまでも噂だとあるけど、その「とある高級レストラン」の経営方針はそれでいいの？

このままでは、ラッタは果てしなく贅沢になるだろう。高級食材というと、軟らかいものが多い気がする。そういうものばかり食べて、歯が伸びすぎて困らないのか、という心配もある。

◆アローラ地方の外来種問題

ポケモン図鑑には、こんな記述もある。「コラッタを率いグループをつくる。グループにはテリトリーがあり、餌を巡り抗争になる」（『サン』）。いうまでもなく、コラッタはラッタの進化する前の姿。それを子分にして、餌を巡って抗争しているというのだ。

実は、このコラッタたちが、ラッタの贅沢な食生活を支えているらしい。『サン・ムーン』の公式サイトは、こう述べている。「ラッタは、巣穴に大量のエサを貯蔵し続ける。大抵は群れのコラッタにエサを集めさせ、自身は巣穴で食べているだけだ」。ひゃあ、なんてことだ！　そんな生活をしていたら、ラッタは太って当然だよー！

一方、コラッタはどうなったのか。これまでのコラッタは「高さ0・3m、重さ3・5kg」。アローラ地方のコラッタは「高さ0・3m、重さ3・8kg」。親分のラッタはものすごく太ったのに、コラッタは重さが0・3kgしか増えていない！　せっかく集めてきた高級食材を、あまり食べさせてもらえないのだろうなあ。カワイソウに……。

コラッタについて、もう一つ気の毒なのは、アローラ地方で変化した理由だ。『サン・ムーン』の公式サイトは、コラッタのコーナーで、こう明かしている。「アローラ地方でコラッタが大量発生した際に、その対策として、ヤングースが連れてこられた。コラッタは、ヤングースから逃げて、生活圏や活動時間を変えたため、その環境に適応した姿となった」。生き物が、生活圏と活動時間を変えるというのは、大変なことだ。コラッタは、よほど苦労をしたに違いない。

これと同じような話が現実の世界にもある。１９１０年、ノネズミやハブに悩まされていた沖縄では、その対策として、海外から21匹のマングースを輸入した。ところがマングースは、ハブではなく、ニワトリやアヒルや野鳥を襲ってしまった。その結果マングースは数を増やし、やがて森に入って、天然記念物のヤンバルクイナをはじめ、数多くの貴重な生物を食べ始めた……。

このように、外から連れてきた生き物を「外来種」という。アローラ地方でも、大量発生したコラッタを外来種のヤングースに食べさせようとしたが、コラッタは逃げて生活圏と活動時間を変え、ラッタのために高級食材を集めるようになったため、ラッタはグルメになり、太ってしまった……ということなのだろうか。

生物は環境に順応して、姿や生き方を変えていく。また、人間が自然に手を加えると、予想もしなかった事態に立ち至る。こうした生物と環境の関係を深く教えてくれるラッタである。

てつへびポケモン・ハガネールから「地学」を学ぼう

イワークより深いところに棲むハガネール。土のなかに食べ物はあるの？

ハガネールは、イワークから進化した「はがね・じめんタイプ」のポケモンだ。顔つきも迫力を増し、体も大きくなっている。重さ４００kgというのは、ポケモン界でも屈指の重量級。だが、筆者が何より注目したいのは、ポケモン図鑑の「イワークよりも深い地中にすんでいる。地球の中心に向かって掘り進み、深さ１キロに達することもある」（『オメガルビー・アルファサファイア』）という解説だ。

ハガネール
てつへびポケモン
タイプ はがね じめん
● 高さ 9.2m
● 重さ 400.0kg
▼ オメガルビー・アルファサファイア
イワークよりも　深い　地中に　すんでいる。
地球の　中心に　向かって　掘り進み
深さ　1キロに　達する　ことも　ある。

ふむふむ。ハガネールは、進化する前のイワークより深く潜るようになったのか。現実世界の生き物も、カエルなどの両生類は、魚から進化して陸上で生活できるようになったし、鳥も恐竜から進化して空を飛べるようになった。進化して行動する範囲が広がるというのは、深々とナットクできる話である。

とはいえ、行動範囲を地下深くに広げるとは、ちょっと不思議。地中1kmには、エサになる生き物も少ないはずなのだ。なぜそんなに潜るのだろう？

◆地下1kmの世界とは？

現実の土のなかの世界がどうなっているか、『ポケモン空想科学読本②』のイワークの項目でも書いたけど、ここで再確認してみよう。

土のいちばん上は「腐葉土」で、腐りかけた枯れ葉や枯れ枝などが積み重なっている。厚さは10cmほど。ミミズやダンゴムシなど、たくさんの生き物が腐葉土をエサにして生きている。

その下には、腐葉土の養分が雨水に溶けて染み込んだ「表土」がある（色が黒いので「黒土」ともいう）。厚さは1～2mほどで、モグラが穴を掘るのも、これぐらいの深さまで。木の根っこが広がっているのも、栄養分の豊かな深さ1m程度までだ。

では、それより深部はどうなっているのか？　表土の下には、養分の染み込んでいない厚さ数mの「赤土」がある。さらにその下は岩の層で「母岩」と呼ばれている。母岩はもちろん、赤土のなかにも、ほとんど生き物は棲んでいない（一部のアリは赤土の深さまで巣を掘る）。土のなかの生態系は、せいぜい深さ2mぐらいまでなのだ。

こうした地中の構造から、筆者は前著で「イワークは、エサとなる生き物がいる地中1～2mのあたりを掘り進んでいるはず」と考えた。われながらスバラシイ推測であったと思う。ところが、ハガネールが潜る深さは1㎞だというのだ！　わーん、いったいどうして⁉

現実の世界では深さ1㎞にも、生き物がまったくいないわけではない。でも、それは細菌たち。地下水に含まれるわずかな養分で、細菌が細々とくらしているのだ。ハガネールもそれをエサにしているのだろうか。うーん、ハガネールの荒々しいイメージとは違うなあ。

◆土を食べるとしたら？

などと悩んでいたら、ポケモン図鑑に目からウロコの記述があった。

「土と一緒に飲みこんだ鋼が体を変化させて、ダイヤモンドより固くなった」（『ブラック２・ホワイト２』）。

ハガネールは、土を飲み込んでいる！　その結果、土のなかの鋼が体を変化させた！

これは「ハガネールは土を食べる」ということだろうか。だとすれば、科学的にきわめて興味深い話になる。

人間をはじめとする現実世界の動物は、植物や他の動物を食べて、それに含まれる炭水化物や脂肪からエネルギーを取り出し、タンパク質やミネラルで体を作っている。人間や動物は、それらの物質しか利用できないのだ。

もしハガネールが、植物や動物を食べるのだとしたら、それらのいない地下１㎞まで潜る理由

地下1km

がよくわからない。だが、土を飲み込んで、そこに含まれる成分からエネルギーを得て、体を作っているのだとしたら、話は別。深々とナットクできることになる。

解説文には「土と一緒に飲みこんだ鋼が体を変化させて」とあるが、「鋼」とは鉄に炭素が混ざった金属で、強靭で弾力性がある。これの元になっている鉄は、赤土や母岩に含まれるから、ハガネールがこれを食べるために地下深く潜るのも当然ではないか。

では、ハガネールは土を食べることで、どのくらいの鉄を手に入れることができるのか？　ハガネールが鉄をどれだけ必要とするのかはわからないから、それを仮定して考えてみよう。

ハガネールの体を作る材料が鉄だとしたら、それはわれわれ人間にとってのタンパク質と同じ役割を果たしていることになる。人間はタンパク質を、１日に体重の千分の１ほど体に摂り入れる必要がある（体重30kgの小学生なら30g）。ハガネールにとって、鉄が同じ割合で必要だと考えるなら、重さ４００kgのハガネールの場合、１日に必要な鉄は４００g。土には平均４％の鉄が含まれているから、10kgの土を飲み込めば、ハガネールは必要なだけの鉄を摂取できることになる。ハガネールにとっては造作もないことだろう。

ややや っ、びっくりするほど辻褄が合ってしまった。最初はどうなることかと心配したけど、科学的にヒジョ〜に納得できるハガネールなのだった。

がんめんポケモン・オニゴーリから「化学」を学ぼう

オニゴーリは獲物を一瞬で凍らせる！なんてグルメなヤツだろう。

読者の皆さんは「ルイベ」を知っていますか。北海道の郷土料理で、冷凍保存したサケやマスを、凍ったまま薄く切って食べる。お刺身の一種で、シャリシャリした食感が絶妙……。

などと冒頭から脱線してしまうのは、オニゴーリのせいだよー。ポケモン図鑑は、オニゴーリについて「獲物を一瞬で凍らせて、動けなくなったところを美味しく頂くのだ」（『アルファサファイア』）と記している。

オニゴーリ
がんめんポケモン
タイプ こおり
● 高さ 1.5m
● 重さ 256.5kg
▼アルファサファイア
氷を　自在に　扱う　力を　持つ。
獲物を　一瞬で　凍らせて　動けなく
なった　ところを　美味しく　頂くのだ。

う〜む、現実世界にオニゴーリがいたら、夏も冬も瞬時にルイベが食べられるわけで、ホントにおいしそう。食いしん坊な筆者は、ホントにうらやましいです。

そんなグルメ生活も、優れた凍結能力があればこそ。オニゴーリの「獲物を一瞬で凍らせる」とは、どれほどすごいことなのだろうか？

◆なぜ凍らせるのか？

そもそも、オニゴーリの氷というのは、そんじょそこらの氷ではないようだ。筆者がそう確信するのは、ポケモン図鑑にこんな説明があるからだ。「空気中の水分を凍らせ、氷の装甲で体を包み込み、身を守っている」（『X』）。「岩の体を氷のよろいでかためた。空気中の水分を凍らせて自由な形に変える能力を持つポケモン」（『オメガルビー』）。

なんと、氷で装甲や鎧を作って、身を守る！　オニゴーリのイラストを見ると、黒い体の表面を白い物質が網のように包んでいる。オニゴーリの体は岩でできているというから、黒い部分が岩、白い部分が氷なのだろう。その氷が、装甲や鎧の役目を果たすということは、オニゴーリが作る氷は、岩より頑丈なのかもしれない。自然界の氷の強度は、岩石の10分の1程度だから、オニゴーリの氷は、それを大逆転している！

これほど強靭な氷を自在に操れるとしたら、獲物をつかまえるのなんか、簡単でしょうなあ。

しかし、オニゴーリが獲物を凍らせるのは、相手をつかまえるためだけではない可能性がある。

肉も魚も野菜も、ゆっくり凍らせると、氷の結晶が大きくなって細胞を突き破り、おいしさの成分が流れ出してしまう。これを防ぐために、遠洋漁業で獲れるマグロなどは、低い温度で急速冷凍されている。オニゴーリの場合は「急速」どころか「一瞬」なのだから、さぞかしおいしいだろう。

そして、再びルイベである。もともとルイベは、秋から冬に獲れたサケを雪のなかに埋めて凍らせたものだ。こうすると長く保存できるだけでなく、サケの体に棲みついている寄生虫を死なせる効果もあるという。

ひょっとして、オニゴーリは、獲物を一瞬で凍らせることによって、細胞の破壊を防ぐうえに、寄生虫も退治して、おいしく安全に食べているのではないだろうか。なんと豊かで合理的なオニゴーリの食生活であろう！　ぜひ一度、いっしょに食事をしてみたい！

◆あまりにすごい凍結能力！

いつまでも、グルメ話に打ち興じている場合ではない。本項最大の課題、オニゴーリの凍結能力について考えよう。

注目したいのは、オニゴーリが「空気中の水分を凍らせる」ことだ。ここから考えると、獲物をとらえるときも、相手を直接凍らせるのではなく、空気中の水蒸気を凍らせて、相手を氷漬けにしているのではないだろうか。そうすれば、相手の体に触れる必要がないから、安全&確実に獲物をつかまえられるだろう。

その場合、オニゴーリの製氷能力は、いよいよすごいことになる。たとえば重さ50kgの獲物がいて、実在する生物と同じく、その重さの60%が水だとしよう。もし体に含まれる水分を凍らせ

るだけなら、作る氷は50kg×0・6＝30kgで済む。だが、獲物の体を氷で包むとしたら、その体より大きな氷を作る必要がある。獲物の高さを1・5mとして、それと同じ直径の氷を作るなら、重量は1・6t。この大量の氷を、オニゴーリは一瞬で作れることになる。

誰もが実感していると思うが、冷蔵庫で氷を作るには時間がかかる。業務用の強力な製氷機でも、調べたなかでは、1日に270kgが最大だ。なのに、オニゴーリは1・6t＝1600kgの氷を一瞬で作る。その「一瞬」が「1秒」のことだとすれば、オニゴーリの製氷能力は、最強の製氷機の51万倍である！　オニゴーリが魚市場などで働いてくれたら、さぞかし喜ばれるでしょうなあ。

呑気なことを言っている場合ではない。空気中の水蒸気を凍らせるには、その水蒸気を含む空気も冷やす必要がある。つまり、オニゴーリが一瞬で相手を凍らせるとき、あたりの気温も一瞬で0℃以下になってしまうのだ。

気温20℃、湿度60％の空気には、1㎥あたり8・6gの水蒸気が含まれている。これを材料に1・6tの氷を作るとしたら、周囲の19万㎥の空気も同時に冷えることになる。冷える領域がドームのような形だとしたら、半径45mが一瞬で氷点下に！

これはオソロシイ。オニゴーリがバトルを始めたら、関係者以外はとっとと逃げたほうがいいですね。

とびはねポケモン・バネブーから「生物」を学ぼう

いつも跳ねていないと心臓が止まるバネブー。それ、あまりに大変では？

うーむ。頭に真珠を載せたバネブーを見ていると、どうしても「豚に真珠」ということわざが頭をよぎってしまうなあ。『岩波国語辞典［第六版］』を引いてみれば、これは「どんな立派なものでも、持つ人によっては何の値打ちもないことのたとえ」という意味。

バネブーが頭に載せている真珠はパールルのものらしく、ポケモン図鑑によれば、パールルは「頑丈な殻に守られて、一生のうちに1個だけ見事な真珠を作る」（『Y』）とあるから、やっぱり

バネブー
とびはねポケモン

タイプ エスパー
● 高さ 0.7m
● 重さ 30.6kg

▼オメガルビー

シッポで　ぴょんぴょん　飛び跳ねる　ポケモン。飛び跳ねる　振動で　心臓を　動かしているので　飛び跳ねる　ことは　止められないのだ。

すごく貴重なモノを持ってるわけですなー。その価値わかってんのかなー。

しかし、バネブーを見て「豚に真珠」ということわざを思い出す、というオモシロさは、海外の人にはわかるのだろうか？　そう思って調べてみたところ、なんとこのことわざの原典は『新約聖書』。その一節に「あなたの真珠を豚に投げてはいけない」とあるらしいのだ。なんとまあ、いろいろ勉強になるポケモンだなあ、バネブーは。

それはいいんだけど、上記の解説に気になることが書いてある。「飛び跳ねる振動で心臓を動かしているので、飛び跳ねることは止められないのだ」。ん？　それはどういうコト!?

そこで他のポケモン図鑑を調べてみると「しっぽをバネがわりにして飛び跳ねることで心臓を動かしているので、止まると死ぬ」（『ブラック2・ホワイト2』）。ややや－っ、だったら跳ねるのをやめるわけにいきませんな。

こうなると、バネブーほど難儀な暮らしをしている生き物もいないのでは

……と思えてくる。何も考えてなさそうな笑顔の裏に、ツラい思いを隠しているのだろうか⁉

◆跳ね続けるのは大変だ！

心臓は、血液を全身に行き渡らせるポンプの役割を果たす。

心臓から出ていく血液には、肺から取り入れた酸素と、小腸から吸収した栄養分が含まれている。心臓に帰ってくる血液には、呼吸で生まれた二酸化炭素と、体のなかでいらなくなった老廃物が含まれる。二酸化炭素は肺から、老廃物は腎臓から尿にして出さなければ、命が危ない。血液の流れは、決して止めてはならないのだ。

だから、現実世界の生き物の心臓は、力が強いうえに、決して疲れないという優れた筋肉でできている（ニョロボンの項も参照してね）。ポケモンたちの心臓も、疲れることはないのだろう。

ところがバネブーの心臓は、跳ね続けていないと止まるという。自分の力では、動くことができないのだろうか。心臓として、これはかなり困った性質である。

ずっと跳ね続けるのは大変なことだ。もし、人間がバネブーと同じ境遇に置かれたら、どうな

るだろう？　ご飯も跳ねながら（消化に悪そう）、勉強も跳ねながら（頭に入らなそう）、寝るときも跳ねながら（起きてしまいそう）、映画を観るのも跳ねながら（後ろの席の人に怒られそう）、字を書くのも跳ねながら（汚い字になりそう）、野球も跳ねながら（三振する）、水泳も跳ねながら（プールの床を蹴ったら失格）、座禅も跳ねながら（叩かれまくる）、アルコ

ールランプに火をつけるのも跳ねながら（危ないよ）……という具合で、いちいち大変だ。

とくに、お葬式で跳ねようものなら、もはや人間性を疑われるが、それでも跳ねないと、自分が葬式の主役になってしまうから、仕方がない。まあ、バネブーが勉強したり、葬式に参列したりするかどうかはともかく、休むことなく跳ね続けるのは容易なことではないのだ。

◆マグロは泳ぎ続けないと死ぬ

ただし、ジャンプによる滞空時間がものすごく長ければ、跳んでいるあいだにご飯を食べたり、文字を書いたりすることもできるかもしれない。空中にどれだけ留まっていられるかは、ジャンプの高度だけで決まる。たとえば、バネブーが10秒空中にいるとしたら、そのジャンプ高度は……えっ、120m⁉ いくらなんでも、そんなに高くは跳べないのでは……。

バネブーは高さ0・7mで、イラストで計るとバネの尻尾は0・3mほど。高さと同じ高度まで飛び上がり、尻尾が0・2m縮むと仮定すれば、1回のジャンプで、空中にいる時間は0・76秒、バネが縮んでいる時間は0・15秒という計算になる。合計0・91秒。つまり1秒弱に1回ずつビョンビョンと跳ね続けるわけで、モーレツに忙しい！　たぶん跳ね続けるだけで精いっぱいで、何もできません。

などと、バネブーの大変さばかり想像してしまったけれど、実はそんなに悲観的にならなくてもダイジョーブだろうと筆者は思っている。現実の世界に、よく似た生き物がいるからだ。

たとえば、マグロやサンマなど回遊する魚は、24時間ずーっと泳ぎっぱなし。サメやエイなど原始的な魚も同じで、エサを食べているときも、眠っているときも、常に泳いでいる。

これらの魚の場合、問題は心臓ではなく、呼吸をする「えら」の働きにある。魚は、口から取り入れた水から、えらで酸素を取り入れ、二酸化炭素を捨てている。ところがマグロやサメは、自分の力で水をえらに送ることができない。口を開けて泳ぎ続けて、えらに水を受けないと、呼吸ができなくなってしまう。つまり、泳ぐのをやめると死んでしまうのだ。

でも、マグロもサメもそれで困っている様子はない。生物というものは、状況や環境に合わせて生きていける逞しさを持っている。おそらくバネブーも、何も困ることなくビョンビョン跳ねながら幸福な毎日を送っているのだと思われます。

キックポケモン・サワムラー&パンチポケモン・エビワラーから「物理」を学ぼう

サワムラーとエビワラーが対戦したら、勝つのはどっち!?

けんかポケモン・バルキーは、進化後の姿が3種類あって、とても興味深い。すなわち、キックポケモンのサワムラー、パンチポケモンのエビワラー、さかだちポケモンのカポエラー。

バルキーは「ケンカっぱやいことで有名。自分よりも大きな相手に挑みかかるので傷が絶えない」(『ブラック2・ホワイト2』)という好戦的なヤツだから、より格闘技が得意なポケモンに進化するのは、当然といえば当然かもしれない。しかし、格闘技はケンカとは違う。格闘技はキビ

シイ練習を重ね、厳格なルールに則って戦い、卑怯なことをしないで勝たねばならないのだ。自分より大きな相手に挑むバルキーの姿勢は、それだけでもすばらしいが、進化してさらに立派になるのだなあ。じーん……。

何の検証もしないうちから感動している場合ではない。そのネーミングやイラストの印象からして、サワムラーはキックボクシング、エビワラーはボクシング、カポエラーはブラジルの格闘技・カポエイラの戦法を得意とするポケモンではないだろうか。だとしたら、彼らに異種格闘技戦を戦ってもらいたくなる！

とくに筆者が興味深いのは、サワムラーとエビワラーはどちらが強いか？　ということだ。「ボクサーとキックボクサーが戦ったら、どちらが勝つのか？」という問題は、筆者が子どもの頃から繰り返し議論されてきたけど、現在に至るまでハッキリした結論は出ていない。それを知る絶好の機会がいまここに……！

よしっ、できるだけ科学的にシミュレーションしてみよう。サワムラー対エビワラー、はたして勝つのはどっちだ⁉

サワムラー　タイプ かくとう
キックポケモン
● 高さ 1.5m
● 重さ 49.8kg
▼ オメガルビー・アルファサファイア
自在に　伸び縮みする　足で　強烈な
キックを　放ち　相手を　蹴り倒す。
戦いの　後　疲れた　足を　もみ解す。

◆サワムラーの猛攻！

カーン！　試合開始のゴングが鳴る。まず、優位に立つのは、サワムラーと見て間違いない。

筆者がそう確信するのは、昔から「キックボクサーのほうが有利かもしれない」といわれてきたからだ。キックボクシングは足でも攻撃ができるし、キックはパンチよりも遠くまで届く。

この見方に沿って考えれば、おそらくサワムラーはキックを連発し、エビワラーをパンチが届く距離に近づけないようにするだろう。エビワラーは、そのキックの猛攻を避けながら戦うしかない。

しかも、ただでさえ有利なサワムラーは、ただならぬ能力を持っている。足が「自在に伸び縮みする」（『オメガルビー・アルファサファイア』）というのだ！「足が2倍の長さに伸びる」（『ブラック2・ホワイト2』）という情報もある。エビワラーはますます遠ざけられてしまい、なんとかキックを避け

エビワラー　タイプ かくとう
パンチポケモン
●高さ 1.4m
●重さ 50.2kg
▼オメガルビー・アルファサファイア
世界チャンピオンを　目指していた　ボクサーの　魂が　宿ったと　いわれる　エビワラーは　不屈の　精神で　絶対に　へこたれない。

続けるだけ……。

このままサワムラーがエビワラーを圧倒するのだろうか⁉

しかもサワムラーの足には、鋭いツメが3本生えている。勝負を決するためにも、これをエビワラーにぶち込もうとするだろう。サワムラーは、足を伸ばしながら回し蹴りを放とうとするのではないか。

ところが、これはキケンでもある。足を伸ばしながら回し蹴りを打つと、キックのスピードが落ちる！　フィギュアスケートで選手が手足を広げると回転が緩くなるのと同じで、中心からの距離が遠くなるほど、回転速度は落ちるのだ。エビワラーがそれを見逃すだろうか⁉

◆すごいぞ、エビワラーのパンチ！

エビワラーは蹴りの速度が落ちた隙を見逃さず、伸びてくる足を避けつつ、サワムラーの足にパンチをブチ込むという戦術に出るだろう。ポケモン図鑑には、エビワラーのパンチについて、「腕をねじりながら繰り出すパンチはコンクリートも粉砕」（『ブラック２・ホワイト２』）と書いてある。すごい！

ボクシングでは、腕をねじりながら繰り出すパンチは「コーク・スクリュー・パンチ」と呼ばれ、威力が増すといわれる。エビワラーはそれをマスターしているのだろう。

当然、スピードもものすごいはずだ。エビワラーのパンチが、現実世界のビルの壁などに使われる厚さ30㎝のコンクリートの壁を打ち抜けると仮定しよう。エビワラーの体格から計算すると、そのスピードは時速１０２０㎞！　始動してから当たるまで、たったの０・０００４秒！

目にも止まらぬ速さで繰り出される、コンクリート粉砕パンチ。サワムラーの足は、これに耐えられるのだろうか？　かといって、キックを出さないと、接近されて、顔面やボディにエビワラーのコンクリート粉砕パンチが……。

ただし、エビワラーにはボクサーらしい弱点もある。「３分戦うとひとやすみする」（『ブラック２・ホワイト２』）ことだ。わはははっ。かわいいじゃないか、エビワラー。逆にサワムラーは、この一点に賭けるしかない！

キックを避けられては、パンチを食らい続けるサワムラーだが、3分が経過したら、休んでいるエビワラーを蹴り放題！　少し休んだエビワラーは、負けじと再び攻撃に転じるだろう。

伸ばした足にパンチを食らいながらも、キックを出し続けるサワムラー。勝負の行方は、サワムラーの足がどれほど頑丈か、にかかっている。

コブラポケモン・アーボックから「生物」を学ぼう

お腹の模様で敵を威嚇するアーボック。どれほど怖い模様なんだっ!?

ヘビを嫌う人、多いよね。空想科学研究所の秘書も、ヘビを見ただけで「きゃ〜っ」と叫んで逃げ出すタイプ。筆者は「そんなに嫌ったら、ヘビがかわいそうだよ」と余裕を見せつつ、調べてみたところ、びっくりしました。世界には3千種のヘビがいるけど、なんとその25%が毒を持っている!

日本にも36種類のヘビがいて、そのうちマムシ、ヤマカガシ、ハブなど12種類が毒ヘビだ。多

アーボック
コブラポケモン

タイプ　どく

● 高さ 3.5m
● 重さ 65.0kg

▼ブラック2・ホワイト2

お腹の　模様で　敵を　威嚇。
模様に　おびえて　動けなくなった
すきに　体で　絞めつける。

いんだなあ、毒ヘビ。ヘビはそれぞれ特徴のある模様を持っていて、それが見分けるポイントでもあるけど、棲むところによって特徴が違っている場合もある。山で見つけたキノコを食べてはいけないのと同じで、ヘビを見たら近寄らないほうがいいということだ。

そういう現実を前提に、アーボックについて考えてみたい。このポケモンは、お腹が横に大きく広がっていて、そこに不気味な模様がある。上の解説文にあるように、敵はこの模様を見ると動けなくなり、その隙に体で締めつけるという！

これは、ポケモンたちにとって、あまりに脅威だろう。森や野原でアーボックに出会って、お腹の模様を見たが最後、動けなくなり、長い体で巻きつかれて、締めつけられるのだから。しかも、ポケモン図鑑によれば「締めつける力はとても強力。ドラム缶もぺしゃんこにしてしまうぞ」（『オメガルビー』）。ひーっ。これはもう、絶対にオダブツ！

アーボックの模様とは、どれほどオソロシイものなのだろう？

◆生き物たちの体の色

現実世界の生き物たちは、「食う・食われる」という関係にある。そのなかで、体の色や模様は、大切な役割を果たしている。

たとえば、アマガエルが緑色なのは、草の色に紛れて鳥などに見つかりにくくするためで、このように周囲に溶け込む体の色を「保護色」という。

魚には、サンマやアジのように、背中が青みがかった黒で、腹が銀色のものが多いが、これも保護色だ。自分より上にいる敵から見ると、背中の黒が、暗い海底の色に紛れる。自分より下にいる敵から見ると、腹の銀色が、水中からは銀色に見える海面の色に紛れる。

また、カメレオンやタコは、まわりに合わせて体の色を変えることができる。これも高度な保護色だ。

逆に、目立つ色や模様を持ったものもいる。その代表は200種以上もいるヤドクガエルだ。

その名のとおり、皮膚に毒があり、昔は毒矢に使われた。ぜひ図鑑などで確かめてほしいが、真っ赤！　真っ青！　真っ黄っ黄！　見るからに毒々しい色をしている。この色で「自分たちには毒があるぞ、食べると死ぬぞ」と警告しているわけだ。

このように、自分の危険さをアピールする体の色や模様を「警告色」という。実在するコブラも胸に不気味な模様があるが、これも警告色で、自分より強い動物に「自分は毒がある。近づかないほうが身のためだぞ」と威嚇するのに役立っている。

「威嚇」というと「強いものが弱いものを脅す」というイメージがあるが、生き物の世界では、弱いものが強いものを威嚇することもある。どちらにとっても、威嚇は戦いを避けるための防御の手段なのだ。

アーボックの場合も「お腹の模様が怖い顔に見える。弱い敵はその模様を見ただけで、逃げ出してしまう」（『X』）とあるから、威嚇の役割もあるのだろう。でも「模様におびえて動けなくなったすきに、体で絞めつける」という記述は、アーボックが威嚇を超えて、模様を攻撃に使う場合があることを示している。恐ろしいことじゃ〜。

◆締めつける力は？

しかも、アーボックの締めつけは、その力が半端ではない。ドラム缶をぺしゃんこにしてしまうという！　これはいったい、どれほど強い力なのか？

よく使われる200L入りのドラム缶は、鉄製で、直径60㎝、高さ90㎝、鉄板の厚さ1・6㎜。アーボックがこれを潰す光景を再現するために、アルミ缶にロープを巻きつけて締めつけてみた。潰すのに必要な力は８kgだった。

ここから、アルミ缶とドラム缶の、大きさ、厚さ、材質の違いを考慮して計算すると、アーボックが締めつける力は、推定12ｔである！

これは、想像するだけでモノスゴイ。大型の路線バスでも重さは10ｔぐらいだから、アーボックに締めつけられたら、バスに轢かれるより強烈な力を受けるのだ。

現実世界のオオアナコンダなども、他の動物に巻きついて、締めつけて死なせるが、その方法は、獲物が息を吐くたびにじわじわと締めていき、息が吸えないようにして窒息させること。これに対して、アーボックの締めつけは12ｔ！　息がどうとかいう前に、アバラの骨がバキバキ折れてしまう。

なんと恐ろしいアーボックだろう。その姿をちらっとでも見かけたら、とっとと逃げよう。決して近寄らないこと。対処の仕方は、現実の世界のヘビといっしょです。

ふんしゃポケモン・テッポウオから「物理」を学ぼう

テッポウオの水流は100m先の動く獲物に命中！ すごすぎない!?

ふふふ、テッポウオ。もう名前だけで、どんな能力を持っているか、想像できますな。などと自信満々の笑みを浮かべつつ、ポケモン図鑑を開いてみたら「口から吹きだす水流は、100メートル先で動く獲物にだって命中する」（『ブラック2・ホワイト2』）と書いてある。えーっ。

鉄砲などの弾丸が届く距離を「最大射程」といい、狙いどおりに当てられる距離を「有効射

テッポウオ　タイプ　みず
ふんしゃポケモン
● 高さ 0.6m
● 重さ 12.0kg
▼ブラック2・ホワイト2
口から　吹きだす　水流は
100メートル先で　動く
獲物に　だって　命中する。

程」という。現実のピストルの有効射程は20m〜50mなのに、テッポウオの水流は有効射程が100mもある！　まさかこれほどのレベルとは思いませんでしたー。

しかも「動く獲物にだって命中する」というのだからビックリ。標的が動いていると、当てるのは格段に難しくなる。弾丸が届くあいだに、標的が移動してしまうからだ。

恐るべき射撃の腕を持つテッポウオ。その狙撃能力に迫ってみよう。

◆37m前方を狙え！

テッポウオと聞けば、現実世界のテッポウウオを思い浮かべるだろう。このスズキやタイやアジの仲間の魚は、口から水を発射して、草の葉などに留まった昆虫などを撃ち落として食べる。水の飛距離は、最大で1mほどだ。テッポウウオがなぜ水を飛ばせるかというと、上あごの裏側に細い溝があるから。これに舌でふたをして細い水路を作り、えらぶたをギュッと締める力で水を吹き出すのだ。

これに対して、われらがテッポウウオの水流は、冒頭に書いたとおり有効射程１００ｍ。そのうえ「飲んだ水を腹筋を使い勢いよく吹き出して、空を飛ぶ獲物を仕留める」（『オメガルビー』）。

なんと、標的は空を飛ぶ獲物！　これと「有効射程は１００ｍ」という情報を組み合わせると、テッポウウオは１００ｍ上空を飛ぶ鳥も撃ち落とせるということ⁉　ものすごいな、このポケモン。

そんなことができるのは、右の解説にもあるように、腹筋の力で水を吹き出すから、らしい。この点が、前述したテッポウウオと大きく違うところだが、現実の世界の魚は体を左右に動かして泳ぐので、そもそも腹筋がありません。合唱や運動会の応援では「お腹から声を出そう」といわれるが、これは肩や胸の力を抜いたほうが大きな声を出せるから。テッポウオも、余分な力を抜いて強力な腹筋を引き締めているなら、すごい水流を出せるのもナットクできる話である。

だが、どんな勢いで吹き出せば、上空１００ｍの動く獲物に命中させられるのか。計算してみると、時速２００㎞で水を吹き出せば、上空１００ｍでも時速１２０㎞の流速を持つことがわか

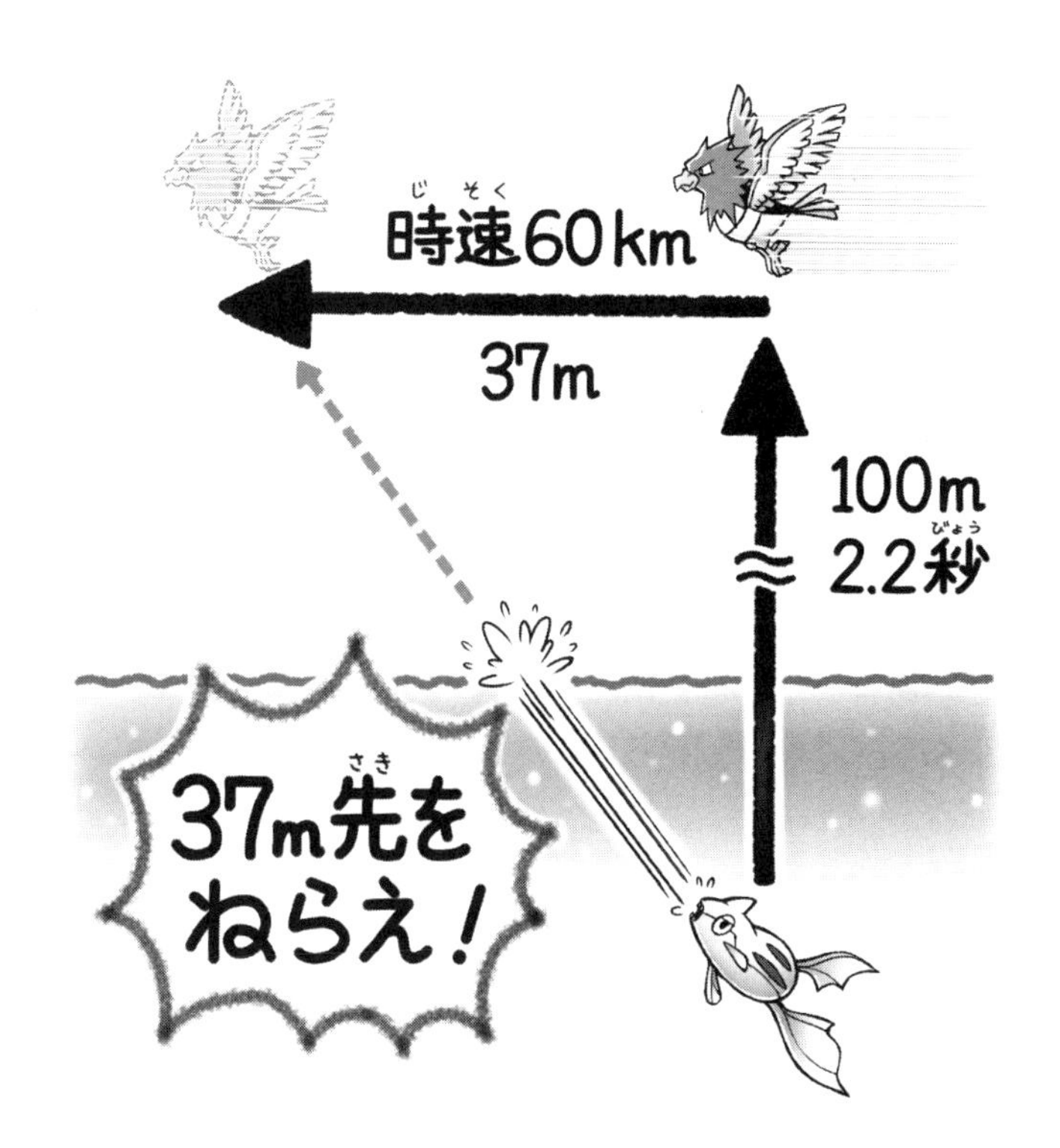

った。消防のポンプ車の水流が時速130kmほどだから、威力は充分だろう。

だが、このすごいスピードでも、上空100mに達するには2・2秒かかる。狙う獲物が、現実世界のカラスと同じ最高時速60kmで飛ぶとしたら、そのあいだに37mも進んでしまうのだ。テッポウオは「水流が届く頃には、前に37m進んでいるはず」と予測して、水を吹き出しているのだろうか。うーむ、なんと優れた狙撃手であろう。

◆水中からでも当たる⁉

これだけでも充分に驚いていたのだが、ポケモン図鑑には、もっとすごいことが書いてあった。「口から勢いよく吹き出す水は、深い海の中からでもねらった獲物にかならず当たる」（『ブラック・ホワイト』）。ななな、なんですと〜〜〜⁉

プールや風呂で、水鉄砲を撃ったことがある人はわかるだろう。水中から水流を放つと、放った場所が浅ければ、水は水面から吹き出すが、少し深くなると水面がわずかに盛り上がるだけになり、ある深さ以上になると、まったく水面に変化は起きなくなる。水流が前方の水とぶつかってスピードを落とし、まわりの水と混ざってしまうからだ。

ところがテッポウオの水流は、深い海のなかからでも必ず当たる！　いったいなぜ⁉

テッポウオが、直径3㎝、長さ1mの水流を放つと仮定しよう。この場合で計算すると、水流のスピードは3m進むごとに半分になる。

　つまり、水流を水面から時速２００㎞で放つためには、水深が３ｍ深くなるごとに、発射する瞬間のスピードは２倍が必要になるわけだ。これはコワイ。このような「○ｍ深くなるごとに２倍になる」というパターンの現象は、オソロシイ結果を生み出しますぞ〜。

　水深が３ｍなら、発射した瞬間のスピードは、時速２００㎞の２倍で時速４００㎞。水深６ｍなら、その２倍で時速８００㎞。水深９ｍなら、さらに倍で時速１６００㎞＝マッハ１・３。12ｍならマッハ２・６、15ｍならマッハ５・２……と、ドンドン速くなる。もし、水深が60ｍだったりしようものなら、マッハ17万！　ええ〜っ、なんじゃそりゃあ⁉

　とんでもない話になってきた。このマッハ17万の水流を水面から放てば、１００ｍ上空に達するまで０・００００１７秒。この短時間では、時速60㎞の獲物は０・０２９㎜しか進めないから、直接狙っても必ずや命中する……というナットクの結論に。え？　もはやナットクとかそういうレベルではない？　はい。筆者もそういう気がします。

　筆者が不思議に思うのは、このテッポウオが進化すると、タコによく似たオクタンになること。この抜本的すぎる変貌には、ちょっとびっくりです。

くさへびポケモン・ツタージャから「生物」を学ぼう

太陽の光を浴びると動きが速くなるツタージャ。これは恐ろしいぞ！

ツタージャの分類は、くさへびポケモン。そう聞くと「え？ ヘビのようなポケモンなの？」と思ってしまうが、手も足もあり、しかも2本足で立つ。筆者にはヘビには見えませんな〜。ポケモン図鑑には、こんな興味深い記述がある。「太陽の光を浴びると、いつもよりもすばやく動ける。手よりもツルをうまく使う」（『ブラック2・ホワイト2』）。「尻尾で太陽の光を浴びて光合成をする。元気をなくすと尻尾がたれさがる」（『アルファサファイア』）。そう、現実世界の

ツタージャ
くさへびポケモン
タイプ くさ
● 高さ 0.6m
● 重さ 8.1kg
▼ブラック2・ホワイト2
太陽の　光を　浴びると
いつもよりも　すばやく　動ける。
手よりも　ツルを　うまく使う。

生き物と比べると、ヘビというより、植物の要素が強いポケモンなのだ。
リーフィアやキマワリなど、太陽の光からエネルギーを作り出すポケモンは多いが、ツタージャで注目したいのは、手よりもうまく使うというツル。これはちょっと珍しい気がするが、いったいどんなふうに使うのだろうか？

◆アサガオはなぜ隣の棒に移動する？

茎がツルになった植物を「つる植物」といい、現実の世界にもたくさん存在する。ツルというと「何かに巻きつく」というイメージがあるが、そうとは限らない。

つる植物には、アサガオのように、ツルそのものを他の植物などにぐるぐる巻きつけるものと、ヘチマやツタのように、巻きひげや根で他のものにしがみつきながら、ツルはまっすぐに伸びていくものがある。

ツタージャの体に、巻きひげや根のようなものは見えないから、そのツルは、アサガオのように巻きつくと考えて考察を進めよう。

アサガオのツルは、面白い性質を持っている。棒を2本以上立てていると、ツルは一つの棒から隣の棒に移ることがあるのだ。また、近くに洗濯物干しのロープの端などがぶら下がっていると、ツルが棒からロープに移ったりもする。アサガオには、近くに棒やロープがあることがわかるのだろうか？

実は、アサガオはツルを伸ばしながら、先端を動かすことができる。根元の側から見て時計まわりに、タクトのようにぐるりと回すのだ。そして、ツルが何かにぶつかると、今度はそこを中心にして先端を回す。こうして、一本の棒なら上へ上へと巻きついていくし、隣に別の棒やロープがあれば、そちらに巻きついていく。

「植物が動く」というとビックリするが、アサガオにこれができるのは、何かに接触すると、右上へ、右上へ……と伸びる性質があるからだ。つまり、アサガオのツルは「成長」によって動く。したがって一度巻きついたら、自分でほどくことはできない。

これに比べると、ツタージャのツルは驚異的だ。手よりうまく動かせるというのだから、巻きつくのもほどくのも自由自在なのだろう。ツタージャはツルを「成長」ではなく、「運動」によって動かしているということか⁉　恐るべき器用なツルである。

◆明るいときの素早さは？

これに関連して不思議なのは、前掲のように「太陽の光を浴びると、いつもよりもすばやく動ける」こと。植物は、光合成で作り出した栄養分を呼吸に使い、残りを体の成長にあてる。それをツタージャは、運動のためのエネルギーとして活用しているということだ。光合成という植物の特徴を持ってるけど、やっぱりポケモンなんですなあ。

では、太陽の光を浴びたツタージャは、どれぐらい素早く動けるのだろうか？

光の明るさの単位の一つに「ルクス」がある。ルクスは、決まった面積に当たる光の量を表す。たとえば夜は、リビングルームにちょうどいい明るさが200ルクス、勉強机に最適な明るさが750ルクスといわれる。これに対して晴れた日の屋外は、日陰でも1万ルクス、日向だと10万ルクス！　太陽の光というのは、モノスゴク明るいのだ。

現実世界の多くの植物は、5万ルクスを超えると、光合成の量は増えなくなるが、トウモロコシやサトウキビは、明るいほど光合成の量が増えていく。ツタージャも、明るい光を浴びるほど、どんどん光合成をして、素早く動けるのではないかと筆者はニラんでいる。

他の条件が同じなら、生き物が走るとき、1秒間に消費するエネルギーは「速さ×速さ×速さ」に比例する。２倍のスピードを出すためには、２×２×２＝８倍ものエネルギーが必要ということだ。

しかし前述のとおり、晴れた日の日向の明るさは、日陰の10倍、夜のリビングルームの５００倍もある。ツタージャの光合成量がこれに比例するとしたら、晴れた日の日向では、日陰での２・２倍、夜のリビングルームの７・９倍の速度で走れることになる。すごい！

さらに恐るべきは、ツタージャが大きな目を持っていることだ。これは、メガネザルやフクロウなど夜行性の動物の特徴である。ツタージャは、暗いところでも普通に動き回れるのではないだろうか。もし、ツタージャが夜のリビングルームの明るさで、50ｍを小５男子の平均と同じ９秒２９（２０１５年の調査結果）で走れるとしたら、晴れた日の日向では50ｍのタイムが１秒１７に！　そのスピードは時速１５４㎞だ！

大きな瞳で微笑んでいる、穏やかなたたずまいのツタージャ。まさか、こんなにスゴいポケモンだったとは……。

かざんポケモン・エンテイから「地学」を学ぼう

エンテイが吠えると火山が噴火する。そんなことが起こり得る？

筆者は中学校と高校の6年間を鹿児島市で過ごした。鹿児島の人々は桜島が大好きで、毎日のように噴火して、火山灰が降ってくるのに、とくに迷惑そうでもなかった。いつしか筆者も朝な夕な桜島を眺めるようになり、桜島を見ながら「俺は将来、物理学者になるぞ」と誓うようになった。だから高校を卒業して京都で暮らすことになったとき、最初に覚えた違和感は「あれっ、桜島がどこにも見えない！」。不安だったなあ、あれは。

エンテイ
かざんポケモン
タイプ ほのお
● 高さ 2.1m
● 重さ 198.0kg
▼ブラック2・ホワイト2
エンテイが　ほえると
世界の　どこかの　火山が
噴火すると　言われている。

そういう体験を思い出すと、エンテイの特徴はビミョ～である。「エンテイがほえると、世界のどこかの火山が噴火すると言われている」（『ブラック2・ホワイト2』）。

噴煙を上げる桜島は、確かに雄大で素晴らしかった。だが、火山灰がパラパラ降るなど、影響の少ないレベルでの噴火だからこそ「かっこいいなあ」などとノンキなことが言えるのであり、自然が本気で牙を剥いたら大変なことになる。

本項ではエンテイの能力を考えながら、ぜひとも火山のオソロシさを認識してもらいたい。

◆日本は世界最大の火山国

火山が大きな規模で噴火すると、いったい何が起こるのか。

まず、火口から溶岩が流れ出す。火山れき（小石）や火山弾（マグマが空中で冷え固まった岩）が飛散して、周囲に降り注ぐ。熱い火山灰が空気と混じって山の斜面を駆け降りる「火砕流」も発生する。

被害は火山の近くだけではない。上空に舞い上がった火山灰は、風下の数百kmの地域にわたって数cmも降り積もり、農業をはじめ人間生活に大きなダメージを与える。噴火の規模によっては、噴き出した水蒸気と硫黄から「硫酸ミスト」が発生し、太陽光線を遮って、地球全体の気温が下がることもある。火山の噴火はさまざまな被害をもたらすのだ。

地球には、１５４８もの「活火山」がある。活火山とは、現在活動しているか、過去１万年以内に噴火した火山のことだ。地球の歴史46億年に比べれば、１万年前などごく最近のこと。時間の長さの関係でたとえるなら「現在10歳の人にとっての11分前」と同じである。何千年も静かにしていた火山が、明日いきなり火を噴いても、まったく不思議ではない。

しかも世界の活火山１５４８のうち、１１０は日本にある。比率にして全体の７％。日本の国土の面積は世界の陸地の０・２５％しかないから、異様な密集度だ。

ということは、エンテイが現実の世界で吠えた場合、「世界のどこか」といっても、日本で火山の噴火が起こる可能性が、とても高い。1548のうち110ということは「14分の1」。もし、エンテイが1日に1回吠えたら、2週間に1度は日本の火山が噴火します。わわ〜っ。

◆なぜ吠えると噴火する？

では、なぜエンテイが吠えると、火山が噴火するのだろう。

音も大きなものは、窓ガラスを割るなどの破壊力を持つ。エンテイは大きな声で吠えることで、火山の噴火を呼び起こす……ということだろうか？

火山が噴火すると、ドーンという大きな音がする。その音には、人間の耳には聞こえない低い音も含まれる。これが「空振」だ。爆発音がせずに、空振だけが起こることもあり、その場合は、まったく音が聞こえないのに家が揺れ、窓ガラスが割れたりする。

また火山の噴火の原因は、地下からマグマが上昇してくることだ。マグマが地下を移動すると、周囲の岩盤が揺れ、ゴゴゴゴという「地鳴り」や、弱い空振が起こる。この現象をとらえるため、火山の観測所では、地震計や空振計で地面の揺れや空振を測定している。

このように、火山の噴火と「音」には、切っても切れない関係がある。だが、いま書いたように、それらの音は「火山の噴火や、マグマの上昇の結果」として起こるものだ。

エンテイが吠えることで、噴火やマグマの上昇を引き起こすとしたら、順序が正反対。現実の世界では、もちろん観測されたことのない現象である。

だが、エンテイの声のパワーがものすごければ、それも「ない」とはいいきれない。火山の地下数kmには「マグマだまり」というマグマがたまった場所がある。普段は温度と圧力の微妙なバランスを保っているが、何かの原因でそのバランスが崩れると、マグマが火口に向かって上昇し始める。エンテイの声が猛烈に大きいか、強力な空振が含まれていれば、マグマだまりのバランスが崩れ、マグマが上昇して、噴火に至る……かも⁉

うーん。科学的には考えづらい現象だが、その声が世界の火山に影響を与えると仮定して、シミュレーションを続けていくと、ややっ。オモシロイ現象が起こることに気づきましたぞ。たとえば、エンテイが北極で吠えたとしよう。その声は周囲に広がって、だんだん弱くなっていく。ところが地球は丸いから、赤道を越えると、再び集まって強くなり始める。そして、反対側の南

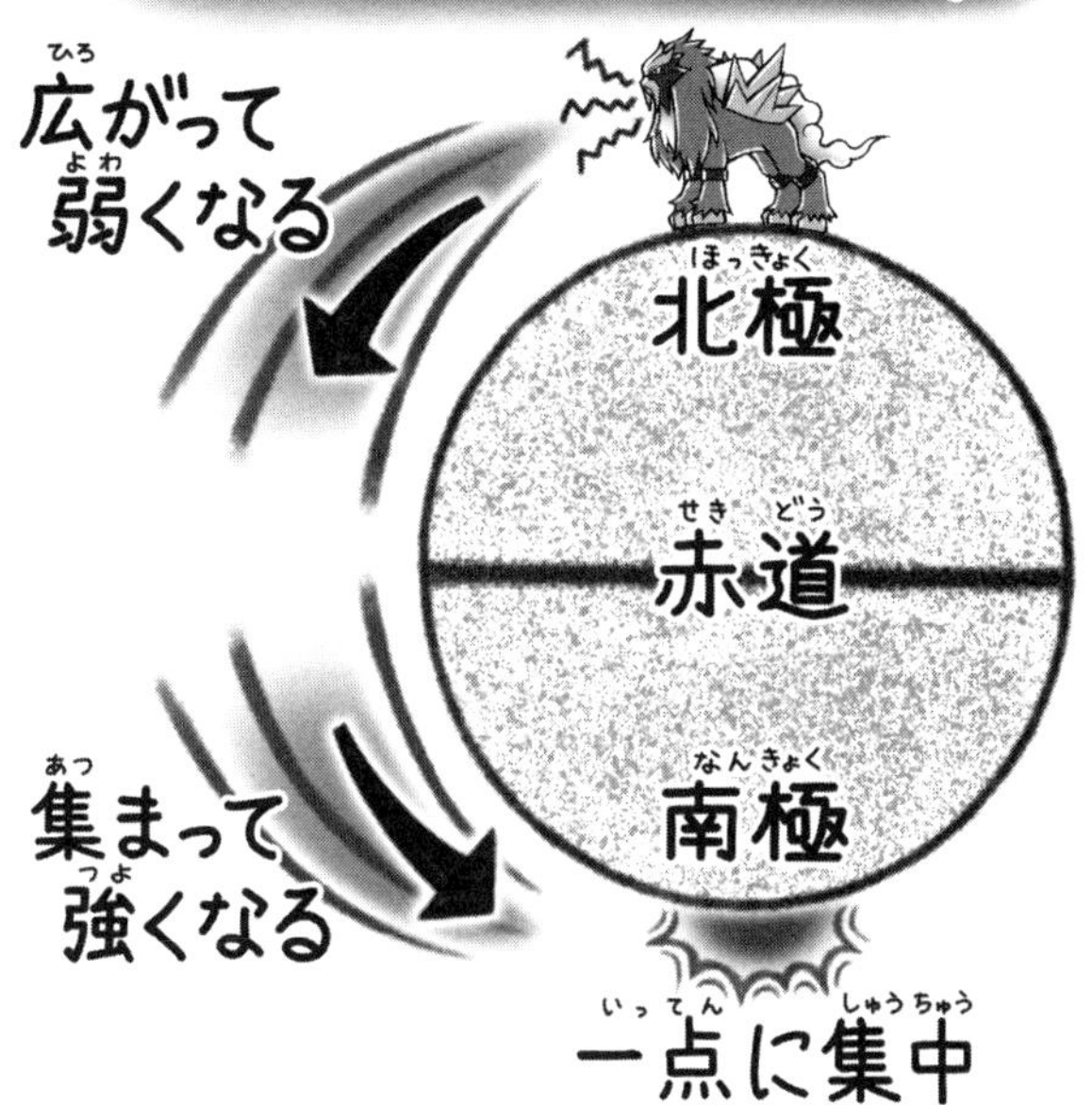

極で一点に集中し、ものすごい大音量に！　これなら火山も噴火する……かも。

なお、音も空振も、気温が15℃のとき、秒速340mで伝わる。エンテイが現実の地球で吠えたとき、その声が地球の裏側まで届くのに16時間20分。つまり、噴火まで、充分に時間はある。さあ、各地に空振計を設置して、エンテイが起こす火山の噴火に備えましょう。

ふたてポケモン・カメテテから「生物」を学ぼう

カメテテは2匹で岩を持ち上げて歩く！なんと珍しい生物か。

面白いなあ、カメテテ。いろいろな意味で、筆者がココロ惹かれるポケモンだ。ポケモン図鑑には「体を伸ばす反動で岩を持ち上げて歩く。波打ち際で流されてきた海藻を食べる」（『Y』）、「2匹のカメテテがひとつの岩で暮らす。ケンカするとどちらかが他の岩に移る」（『X』）とある。

岩に張りついて暮らしながら、その岩を持ち上げて歩く！　現実の世界にも、水中で岩などに

カメテテ
ふたてポケモン

タイプ　いわ　みず
● 高さ 0.5m
● 重さ 31.0kg

▼Y
体を　伸ばす　反動で　岩を
持ち上げて　歩く。波打ち際で
流されてきた　海藻を　食べる。

張りついて暮らす生き物はたくさんいる。フジツボ、イソギンチャク、サンゴ、カキ、ムール貝……などで、これらは「付着生物」または「固着生物」と呼ばれる。だけどこのなかに、張りついた岩を持ち上げて歩く生き物は一つもおりませんぞ！

ナゾに満ちたカメテテについて、さまざまな方面から考えてみたい。

◆カメノテを知ってますか？

「あまり知られてないかも」と思って、右に列挙した固着生物のなかに書かなかったけど、カメテテによく似た「カメノテ」という生物が実在します。カメテテではなく、カメノテ。その名のとおり「亀の手」によく似た固着生物で、塩ゆでして食べるとたいへんおいしい（この本、やたら食べ物の話が出てくるなあ。われながら食いしん坊だと思う……）。

カメノテは、その姿から貝の仲間かと思ってしまうけど、実はエビやカニやミジンコと同じ甲殻類だ。そのように分類されるのは、子どものときの生態がエビやカニと共通するから。卵からかえったばかりのカメノテは、エビやカニの子どもと同じ「ノープリウス」というミジンコのような姿で泳ぎ回る。そして「キプリス」という姿に変態し、岩にくっついてカメノテになるのだ。

わざわざ岩にくっつくのはなぜだろうか。カメノテは、貝殻のような部分から何本もの細い脚を出し、海中を漂うプランクトンを網ですくうようにして捕まえて食べる。海のなかには水の流れがあるから、岩などに固着していれば、脚のあいだをプランクトンが流れていき、脚に引っかかる。流しそうめんで、流れる水に箸を入れるだけでそうめんが引っ掛かるのと同じ原理ですな。また、カメノテが棲んでいるのは、海の「潮間帯」と呼ばれる部分。これは、引き潮のときには水面上に出て、満ち潮のときには海水に沈むところだ。この潮間帯にはさまざまな生物が暮らしているから、ここに固着していれば、たくさんのエサにありつけるというわけ。

では、われらがポケモン・カメテテはどうだろう。図鑑には「波打ち際で流されてきた海藻を食べる」とあるから、カメテテも潮間帯のあたりに暮らす固着生物なのだろう。前述のとおり、潮間帯の固着ライフは、エサを取るのにたいへん便利でラクチンだからね。

するど不思議なのは、なぜカメテテが、張りついた岩を持ち上げてまで歩くのかという問題である。実は、現実の世界の固着生物にも、動くものがいる。イソギンチャクは死ぬまで同じ岩に張りついていると思われがちだが、実際には岩の上を時速数cmで這って動ける。移動することで、少しでもたくさんのエサが取れる場所を探すのだ。カメテテも同じような理由で歩くのではないかなあ。

◆2匹で暮らすことはプラス？　マイナス？

しかし、筆者は心配である。自分が張りついた岩を持ち上げて歩くというのは、あまりに大変ではないだろうか。「体を伸ばす反動で岩を持ち上げる」とあるけど、それは簡単なことではない。

これはまったくの仮定だが、岩に張りついていなければ、カメテテは自分の高さと同じ50cmの距離までジャンプできる、と考えよう。また、そんなカメテテが「自分の2倍の重さの岩に張りついている」としたら、どうなるだろうか。

これは重さが3倍になったのと同じだから、カメテテが飛び上がるスピードは3分の1に落ちる。飛べる距離は「速度×速度」に比例するので、9分の1になって、たったの5・6㎝。うわ～、岩があるとホントに大変。岩を持ち上げて動く固着生物が実在しないのも当然だなあ。

ところが、これも筆者がこのポケモンにココロ惹かれる要素なのだが、カメテテは2

匹が同じ岩で暮らしている。その場合、さっきと同じ岩に張りついているとすれば、カメテテの合計の重さは岩と同じになるから、飛び上がるスピードは、岩がないときの2分の1に。その結果、飛べる距離は、岩がないときの4分の1になって、12・5㎝だ。

おお、単独のときの2倍以上。世間では「人が力を合わせると、1＋1＝2を超える」と言われたりするけど、カメテテの歩行でも同じなのだなあ。歩く友情、カメテテ。

ね、このへんも魅力的でしょう、このポケモン。

ただ、それも2匹の息がぴったり合ったときの話である。片方が体を伸ばしているのに、もう片方が縮めていたら、縮めているほうはお荷物にしかならない。相手がいる分、重くなっただけで、歩くのにたいへん苦労することになる。

これではケンカになって当然ですなあ。ポケモン図鑑に「ケンカするとどちらかが他の岩に移る」とあったけど、相手と息が合わないときに別の岩に移るのは、科学的にも大正解。何から何まで勉強になるポケモンだなあ。

じしゃくポケモン・レアコイルから「物理」を学ぼう

レアコイルが現れると機械が壊れ、温度も上がる!?なぜそんなことになるの？

進化すると、姿かたちが大きく変わるポケモンが多いけど、コイルからレアコイルへの進化はとてもシンプルだ。コイルが3体つながっただけ！　おお、そういう進化なら筆者にもできるかも……と思ったけど、そのためには柳田理科雄があと2人必要ですね。うむむ……。

妙なことで残念がっている場合ではない。レアコイルのシンプルな進化は外見だけの話で、たとえば重さが増大している。コイルが6kgだったのに対して、レアコイルは60kgと10倍増！　単

レアコイル
じしゃくポケモン

タイプ　でんき　はがね

● 高さ 1.0m
● 重さ 60.0kg

▼Y

ナゾの　電波を　発信しており
半径１キロの　範囲では
気温が　２度　上がる。

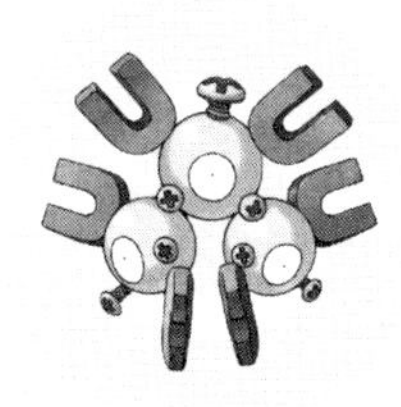

に3体がつながっただけなら18kgにしかならないはずだから、一体一体が3倍以上に重くなっているのだ。

そして何より、周囲への影響力の増大が目覚ましい。コイルの時代は「電線にくっついて電気を食べている。停電になったらブレーカーを調べよう。コイルがびっしりくっついているかも」（『オメガルビー』）と、調べないと気づかないぐらいの存在感だったのに、レアコイルに進化すると、「強い磁力で機械を壊してしまうので、大きな街ではサイレンを鳴らしてレアコイルの大量発生を報せる」（『オメガルビー』）。ひゃーっ、モノスゴク警戒されている！

レアコイルがもたらす被害は、それだけではない。「ナゾの電波を発信しており、半径1キロの範囲では気温が2度上がる」（『Y』）。なんと、レアコイルが電波を発すると、気温が上がってしまうのだ。科学的に考えると、これは大変なことである。

レアコイルはいったい、どれほど強力な電波を発しているのだろうか？

◆機械に磁石を近づけたらダメな理由

レアコイルの脅威の一つは、強い磁力で機械を壊してしまうことだ。これについては、次のような説明もある。

「強力な磁力線で精密機械を壊してしまうため、モンスターボールに入れておかないと注意される街もあるという」（『アルファサファイア』）。う～む、危険物なみの扱いですなあ。

現実世界の機械にも、磁石を近づけてはいけないものがある。

たとえば、電池で動くアナログ時計にはモーターが入っている。モーターは磁石の力で動いているから、別の磁石を近づけると、正しい時刻を示さなくなる。

スマホの方位表示機能や、デジタルカメラの方位センサーなどは、地球の磁場を感知して作動している。これらに磁石を近づけると、正しい表示を示さないだけでなく、壊れてしまうこともある。また、ホテルのルームキーなど、ＩＣカードのなかには磁気で情報を記録しているものがあり、これらも磁石を近づけると情報が破壊されることがある。

もちろん磁石に近づけても平気な機械もあるし、弱い磁石では影響がないことも多いけど、万が一のためにも機械には磁石を近づけないようにしよう。昔から「触らぬ神に祟りなし」という言葉もありますしなあ。

などと呑気なことはいってもいられないのが、レアコイルだ。その強力な磁力によって、機械のモーターが止まったり、逆に高速回転になったり、テレビやコンピュータがあちこちでブスブス煙を上げたり、ICカードが使えなくなったりするのではないだろうか。ものすごく磁力が強ければ、どれも充分に起こり得る現象だ。

レアコイルの出現は、サイレンを鳴らすのも当然の緊急事態。レアコイルをつかまえた人は、必ずモンスターボールに入れておいてください。

◆気温を上げる電波とは？

では、レアコイルが「ナゾの電波で周囲の気温を上げる」というのは、どんな現象なのか。

電波を発信する方法にはいくつかあるが、その一つに「磁石を動かす」がある。レアコイルの場合、体に強力な磁石がついているのだから、それを高速回転させたりすれば、電波を放つことができるはずだ。

また電波にもいくつかの種類があり、そのなかで「マイクロ波」と呼ばれるものは、水の温度を上げる性質がある。家庭にある電子レンジは、マイクロ波を当てて、食べ物に含まれる水分の温度を上げる装置。だから、肉まんもミルクもホカホカになるわけですね。

ここから科学的な可能性を考えると、レアコイルはマイクロ波を放つことによって、空気中の水蒸気の温度を上げるのかもしれない。水蒸気の温度が上がれば、気温も上がるからだ。

だが、筆者が気になるのは「半径1キロの範囲では気温が2度上がる」という威力。これはあまりに強いマイクロ波だ。

気温15℃のとき、地上のレアコイルから半径1㎞内の空気は、総量260万t。これほどたくさんの空気の温度を2℃上げるための熱量は、12億キロカロリーである。この気温上昇を、たとえば10秒で成し遂げるとすれば、レアコイルが放つマイクロ波は、家庭用の電子レンジの5億台分だあ！　むひょ～～～っ。

これほどの威力となると、気温が2℃上がるだけでは済みません。前述したとおりマイクロ波

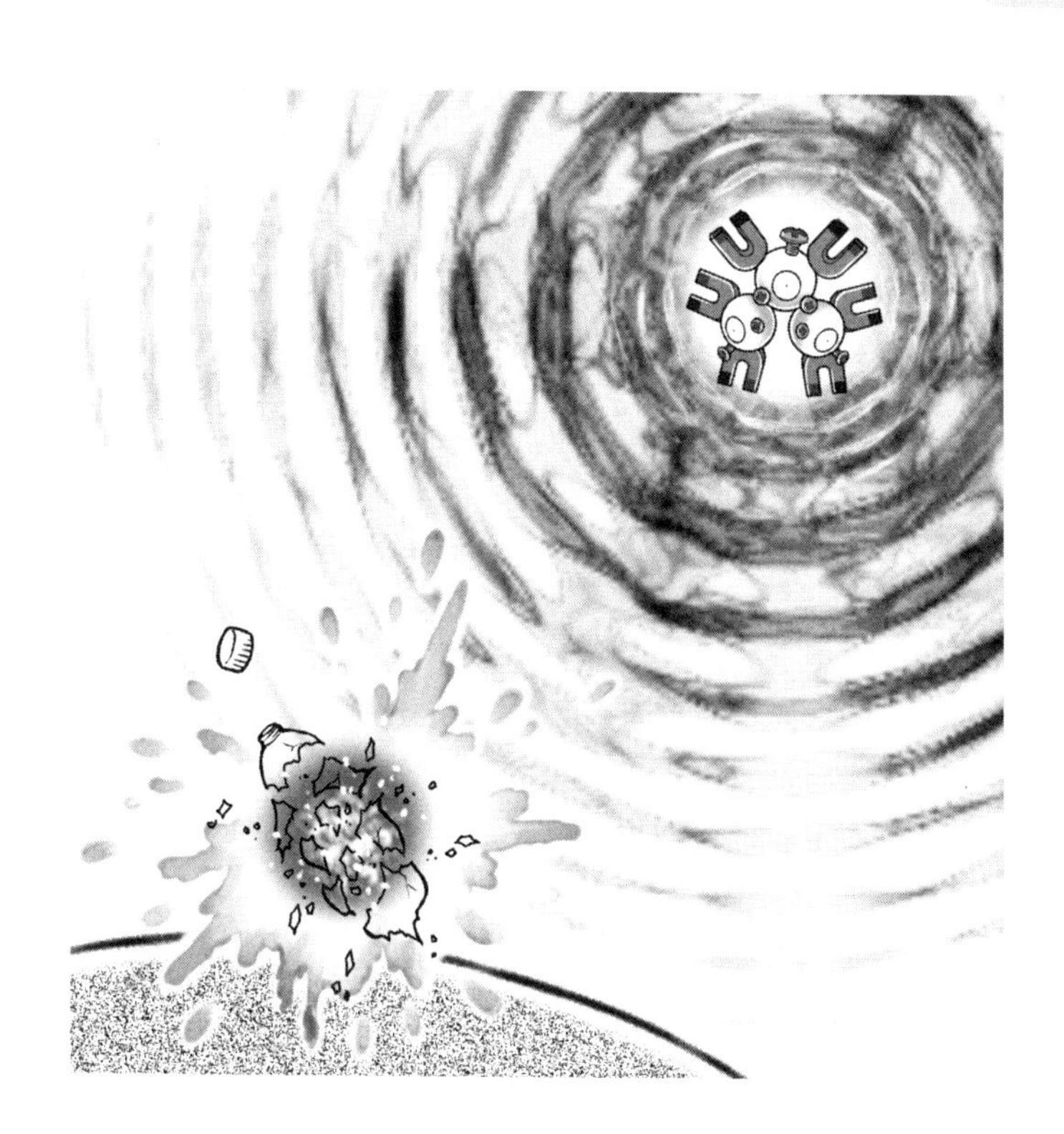

は水分の温度を上げるから、たとえばレアコイルから100m離れた場所に500mL入りのペットボトルがあったら、2.1秒で沸騰して、どばーんと大爆発！

これはもう、レアコイルをモンスターボールから出すのは、絶対禁止！　大量発生どころか、1匹でも見かけたら、大音量のサイレンを鳴らしていただきたい。

オーロラポケモン・スイクンから「地学」を学ぼう

北風の化身・スイクン。濁った水を清めるというが、いったいどうやって？

スイクンが青い体に紫のたてがみをなびかせて走る姿は、流麗で神々しい。そのうえ素晴らしいことに、スイクンは「汚れた水を清める」という能力を持っている。

「世界中を駆け巡り、汚れた水を清めている。北風とともに走り去る」（『X』）

「一瞬で汚く濁った水も清める力を持つ。北風の生まれ変わりという」（『Y』）

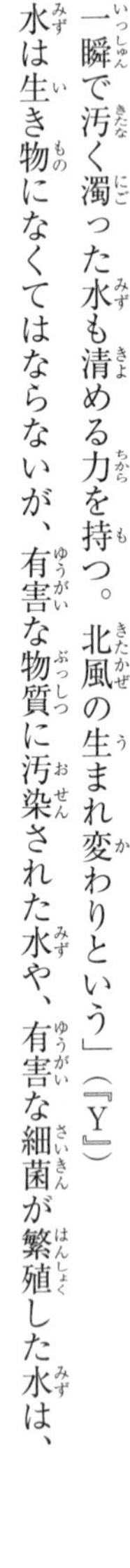

水は生き物になくてはならないが、有害な物質に汚染された水や、有害な細菌が繁殖した水は、

スイクン
オーロラポケモン
タイプ　みず
●高さ 2.0m
●重さ 187.0kg

▼ブラック2・ホワイト2

世界中を　駆け巡り
汚れた　水を　清めている。
北風と　ともに　走り去る。

毒になる。汚れた水を浄化できれば、どれほど多くの人や生き物が救われるだろう！

……と、手放しで称えたいスイクンの能力だが、うーん、科学的にはちょっと悩ましい気がしております。

右のポケモン図鑑の説明に明らかなように、スイクンのもう一つの特徴は、北風と密接な関係があることだ。「北風の生まれ変わり」といわれるからには、水をきれいにすることにも、北風が関係しているのだろうか？

それを考え始めると、非常に難しくて、筆者は夜も寝られなくなる（でも昼寝はする）。本項では、この難解な問題を検討してみたい。

◆水を浄化する方法

人間の世界で「水の浄化」を行っているのは、水道局だ。その方法は次のとおり。

①川やダムから取った水をタンクにためて、小石や砂が沈むのを待つ（沈殿）
②薬を混ぜて泥や汚れを固め、沈むのを待つ（凝固・沈殿）
③砂や砂利の層を通らせて、細かい汚れを取り除く（濾過）
④薬で細菌を死なせる（殺菌）

うーん、どれも北風には関係ありませんなあ。

右に紹介したのは、川やダムの水をきれいにする方法だが、水道局がやっている水の浄化にはもう一つある。それは、家庭や工場で使った水の浄化。「下水道」で集めた水をきれいにして、川や海に流したり、防火用水や農業用水に役立てたりしているのだ。

この下水の浄化には、沈殿や濾過のほかに「細菌」を使う方法がある。これが、スイクンの水の清め方の参考にならないだろうか？

細菌は、生き物の死骸や糞などを分解して、生きるためのエネルギーを取り出している。細菌には、酸素の好きな細菌と、酸素を嫌う細菌がある。

「酸素の好きな細菌」は、水の汚れを、二酸化炭素と水などに分解する。「酸素を嫌う細菌」は、水の汚れから、毒性や悪臭のある物質を作り出す。つまり、酸素を嫌う細菌は、水の汚れからもっとひどい汚れを作り出すのだ。ときどき、失神しそうな臭いのするドブ川や沼があるけれど、そういう場所には、酸素を嫌う細菌がたくさん棲んでいるわけですね。

そこで水道局では、集めた下水に空気の泡を吹き込んでいる。これによって、酸素の好きな細菌が元気になり、酸素を嫌う細菌は、「水の汚れ」というエサを奪われて、数が減る。こうして下水は、きれいになるのだ。

この水道局の工夫に学ぶと、何が考えられるだろう？

たとえばスイクンが現れるとき、ビューッと吹きつけた北風によって、酸素が汚れた川や池に吹き込まれる……ということが起これば、酸素の好きな細菌が元気になり、水は浄化されるかもしれません。

◆北風が暖かい場所がある？

と書いたものの、われながらかなり強引な仮説だと思うなあ。そのうえ残念なのは、それが北

風であることだ。
細菌は、酸素の好きなものも酸素を嫌うものも、温度が低いと活動が鈍くなる。スイクンといっしょに吹いてくるのが南風だったら、水はもっときれいになるのに……。
だが、ここで発想を変えてみよう。「北風が冷たい」というのは、北半球での話である！
地球は赤道付近がいちばん暑く、北極と南極が寒い。南半球では、南へ行くほど南極に近づいて寒くなる。そこでは、北風は赤道のほうから吹いてくるから「暖かい風」になるのだ。

ポケモンの世界で、スイクンが棲んでいるのが南半球だとしたら、いっしょに吹いてくる北風が川や湖を浄化する……かもしれません！　まあ、北風のイメージは「冷たい風」なんだけど。

そしてもう一つ、筆者は心配なことに気づきましたぞ。

「北風の生まれ変わり」ともいわれるスイクン。「北風とともに走り去る」ということは、北風の吹く方向に、風といっしょに走っていく……ということではないだろうか。

北風は、その名のとおり北から南に向かって吹く風。ということは、スイクンは常に北から南に向かって移動するということ⁉　北に向かうことはできず、南極に近づくにつれ、北からやってきて行き場を失ったスイクンがどんどん増えてくる……⁉　そんなバカな！

うーん、水の浄化といい、北風の問題といい、謎に満ち満ちたスイクンですなあ。

わかどりポケモン・ワカシャモから「物理」を学ぼう

1秒間に10発のキック！ワカシャモの攻撃力がメチャクチャすごい！

ポケモンは進化するところもオモシロイ。でも、必ずしも魅力や能力がそのまま引き継がれるわけではないから、ちょっとドキドキするんだけど。

たとえば、ひよこポケモン・アチャモである。ポケモン図鑑によれば「体内に炎を燃やす場所があるので、抱きしめるとぽかぽかとっても暖かい。全身ふかふかの羽毛に覆われている」（『アルファサファイア』）。うひょ～、カワイイ。

ワカシャモ　タイプ ほのお かくとう
わかどりポケモン
● 高さ 0.9m
● 重さ 19.5kg
▼オメガルビー
野山を　走り回って　足腰を　鍛える。
スピードと　パワーを　兼ね備えた　足は
1秒間に　10発の　キックを　繰り出す。

さらに「トレーナーにくっついてちょこちょこ歩く。口から飛ばす炎は摂氏1000度。相手を黒コゲにする灼熱の玉だ」（『オメガルビー』）。ん？　なんか後半にスゴイことが書いてあるような気もするけど、あまりに愛らしいから、気にしないことにしましょう。

このアチャモが進化すると、ワカシャモになる。ありゃりゃっ、アチャモのかわいさはどこに行ったの⁉　だが、ポケモン図鑑は筆者の疑問に答えず、その逞しさをアピールする。「野山を走り回って足腰を鍛える。スピードとパワーを兼ね備えた足は、1秒間に10発のキックを繰り出す」（『オメガルビー』）。これはすごい。1発のキックを「ドカ！」で表せば、

ドカ！ドカ！ドカ！ドカ！ドカ！ドカ！ドカ！ドカ！ドカ！ドカ！

これが、1秒間のできごとなのだ！　オドロキの進化を遂げたものだなあ、ワカシャモ。どれほどすごいポケモンになったか、その攻撃力を分析してみよう。

◆一発一発も強烈

1秒間に10発のキックを放つとは、大変なことである。短時間に何発ものキックを出すには、「蹴る」「足を引く」という動作を素早く繰り返さなければならない。その結果、1秒間に放つキックの数が増えるほど、一発一発の速度も上がり、威力も増すことになる。

ワカシャモのキックにどれほどの威力があるのか、筆者が実演して考えてみよう。といっても、1秒間に10回も蹴ることはできないので、計算するためのデータを取るだけですが。

イラストを見ると、ワカシャモは左足を軽く曲げ、両手を広げてバランスを取りながら、右足を前に突き出している。筆者が同じポーズで蹴りの動作をすると、足は175cm動いた。175cmというのは筆者の身長と同じだから、ここでは高さ0・9mのワカシャモの足は「蹴る」と「引く」で0・9mずつ、合計で1・8m動くと仮定しよう。

1秒間に10発とは、これを0・1秒に1回。すると足が動く速さは、平均で秒速18m＝時速65kmとなる。ところが、キックにおいては、相手に当たる瞬間のスピードは、平均速度の2倍になるので、時速130kmとなる。

これは、ものすごい蹴りだ。現実世界のキックボクサーの蹴りの最高速度は時速60㎞くらいだから、その2倍！　ワカシャモは重さが19・5㎏でライトヘビー級のキックボクサーの4分の1ほどしかないが、キックの衝撃力は「体重×速度×速度」で決まるので、4分の1×2×2＝1。

つまりワカシャモは、身長が2倍、体重が4倍もある現実のキックボクサーと同じ威力の蹴りが放てることになる。それだけでもすごいのに、この蹴りを1秒に10発！

ひゃー、あのかわいいアチャモが、よくぞここまで逞しくなったなあ……。

◆やかましさも武器なのか!?

それだけではない。ポケモン図鑑には、こんなことも書かれている。「クチバシから吐きだす灼熱の炎と、破壊力抜群のキックで戦う。鳴き声が大きいのでとてもやかましい」（『アルファサファイア』）。

破壊力抜群のキックに加えて、クチバシから灼熱の炎！　これ、さっきアチャモのところで気になりつつ素通りしちゃったけど、「口から飛ばす炎は摂氏1000度。相手を黒コゲにする灼熱の玉だ」という進化する前の能力と関連あるのでは？　だとしたら、かわいさは失ったけど、炎を出す力は見事に引き継いだということ⁉

そして、新たに手に入れた能力の一つが、やかましい鳴き声！　まあ、これが能力といえるかどうかは微妙だけど、対戦する相手は、集中力がかき乱されてかなりイヤではないだろうか。

これらを踏まえて、ワカシャモの戦い方を想像してみよう。

ワカシャモがどんな声で鳴くかはポケモンゲームで確認してほしいのだが、ポケモン図鑑は「とてもやかましい」と注意を促しているから、耳が痛くなるような大声なのだろう。それで相手がひるんだところへ、時速130kmのキック！　最初の一発で決定的なダメージを与えたうえに、1秒間に10発の連打！

ここで重要なのは、ワカシャモのキックは「10発」なのではなく、「1秒間に10発」であることだ。その気になれば、キックの数に際限はない。2秒なら20発、5秒なら50発、そして10秒なら100発！

これで勝利を確定させておいて、灼熱の業火で追い打ち！　さらに、完全にグロッキーとなっ

た相手の耳元で、やかましい勝利の雄叫びを上げ続けるワカシャモ……。

　わーっ、アチャモ時代のかわいさは、もうどこにも残ってません。でも、エネルギッシュに進化したこのポケモンが、メチャクチャ強いことは間違いないと思う。

あんこくポケモン・ダークライから「地学」を学ぼう

新月の夜、人々に悪夢を見せるといわれるダークライ。なぜだ!?

高校時代、筆者は応援団長だったのだが、いまでも夢に見ることがある。明日は体育祭なのに、まったく練習をしていない！　どこへ行ったか、団員たちの姿も見えない！　必死で学校中を探し回るが、誰もいない。わーっ、どうしたらいいんだーっ。

……と、ここで目が覚める。ビッショリ汗をかいていて、胸のドキドキが止まらない。どういうわけか、筆者は年に何度か、この内容の夢を見るのだ。ああ、恐ろしい。

ダークライ
あんこくポケモン

タイプ　あく

● 高さ 1.5m
● 重さ 50.5kg

▼Y
人々を　深い　眠りに　誘い
夢を　見せる　能力を　持つ。
新月の　夜に　活動する。

　あんこくポケモン・ダークライは、人に悪夢を見せる能力を持つという。筆者の場合は、この体育祭前日の夢を見させられるのだろうか。うう……、なぜそんなヒドイことを……と思って、ポケモン図鑑を開くと、こんな記述がある。

「自分を守るためにまわりの人やポケモンに悪夢を見せるが、ダークライに悪気はないのだ」（『ブラック2・ホワイト2』）。えっ、悪気はない!?

　また「深い眠りに誘う力で人やポケモンに悪夢を見せて、自分の縄張りから追い出す」（『オメガルビー』）という解説も。あ、そうだったのかー。

　ダークライが悪夢を見せるのは、縄張りから追い出すため。悪気はなくて、自分自身も望んで悪夢を見せたいわけではないようなのだ。ふーむ、誰にでも事情というものがあるのだなあ。

　だが、悩ましい話である。その恐るべき能力は、夢を見る側にも、見させる側にもツライ話になってしまうのではないか……。

◆眠りの深さと夢の関係

「人々を深い眠りに誘い、夢を見せる能力を持つ。新月の夜に活動する」（『Y』）というダークライ。深い眠りに誘って悪夢を見せることなど、できるのだろうか。

現実世界の人間や動物は、脳と体が交代で眠る。脳が眠っているときは、外からの情報は入ってこないので、物音がしたり、体を揺さぶられたりしても、目覚めない。体が眠っているときは、脳は起きているので、わずかな刺激で目が覚める。つまり脳の眠りのほうが、体の眠りより深い。

そして、体の眠りのあいだ、脳は昼間の経験や記憶を整理している。それが「夢を見る」という現象だといわれている。

ここから考えれば、眠りが深いときは、夢は見ないわけである。おお、だったら「深い眠りに誘い、夢を見せる」というダークライの能力は、あり得ないことにならないか⁉

ところが、念のために調べてみて、筆者はとても驚いた。最近になって、多くの実験から、人間は脳が眠っているときも夢を見ていることが明らかになっているのだ。「ダークライの能力は現実にもあり得る」と、いつの間にか証明されている！

うーん、科学の進歩は油断がなりませんなあ。

◆新月の夜とは、どんな夜？

前掲の図鑑の記述に、注目したい部分がある。それは「新月の夜に活動する」というところだ。

「新月」とは、月の満ち欠けを表す言葉で、月がまったく見えないときを指す。月は、新月↓三日月↓上弦の月（右半分の半月）↓満月↓下弦の月（左半分の半月）↓新月、と29・5日で元の形に戻る。なぜこんなふうに、月の形は変わるのだろうか。

月は地球の周りを回っている。地球も月も、太陽のほうを向いている半分だけに、太陽の光が当たる。そして、地球から月を見ると、光の当たっている部分だけが見える。次のページの図のように、地球から見て月が太陽の反対側にあるとき、地球の夜の部分から見ると、月は「満月」になる。

では「新月」は？　同じ図からわかるように、新月になるのは、地球から見て月が太陽と同じ方向に来たときだ。これが見える可能性のある地球上の場所には、太陽の光がサンサンと当たっ

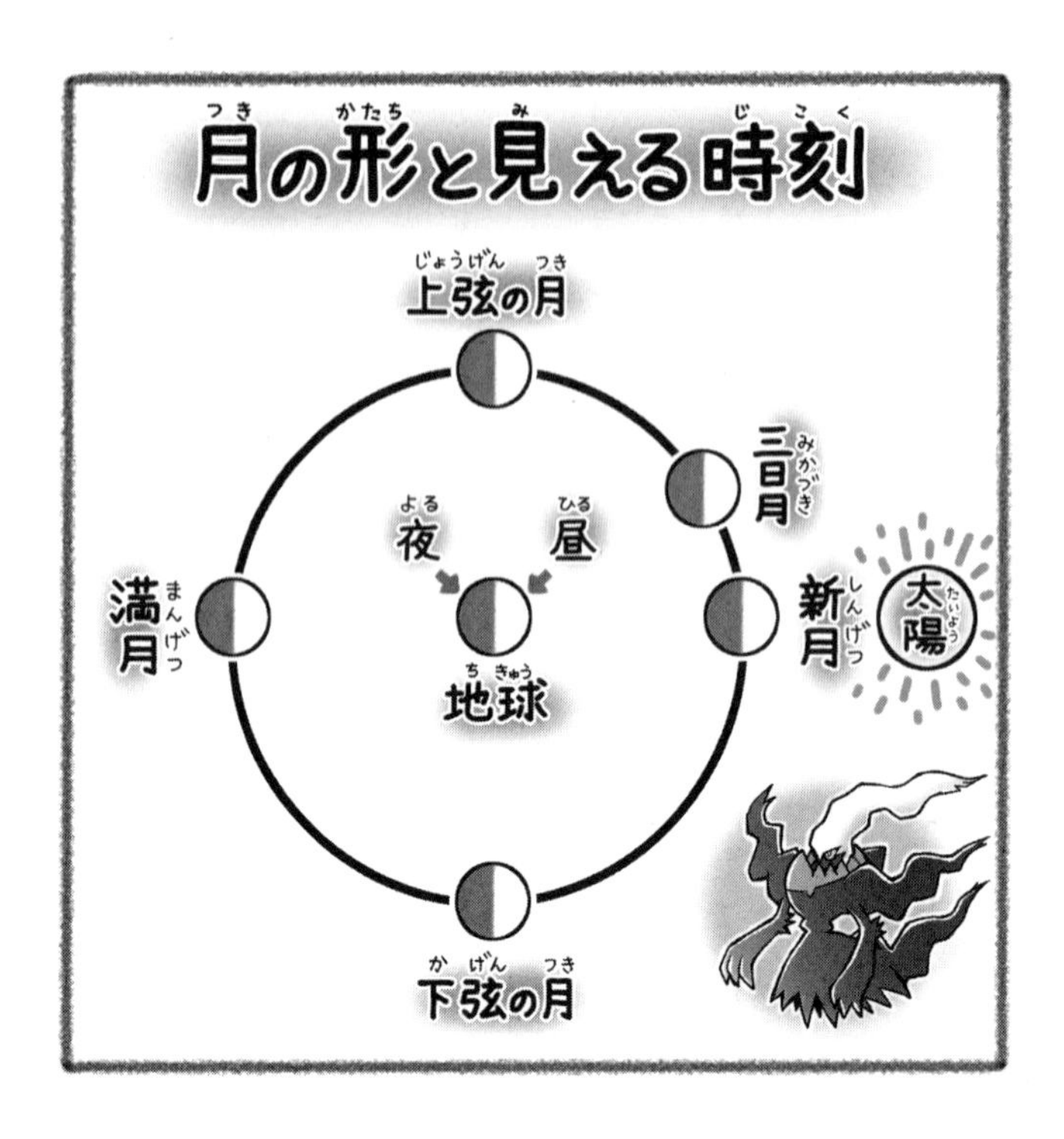

ているから、どこも昼間ということになる。ただでさえ、明るくて月が見えにくいうえに、地球の側を向いているのは、太陽の光が当たっていない部分だ。この結果、実際にはまったく見えない。
夜になると、月は地球の裏側に位置することになるから、いくら空を探しても月はない。だから、新月のときには、昼も夜も月は見えないのだ。

そしてこの事実から、まことに嬉しい真実が見えてくる。そう、月は29・5日で元の形に戻るから、新月の晩は1ヵ月に一度しか訪れない！

ということは、ダークライがその恐ろしい能力を発動できるのも1ヵ月に一晩だけ、ということになるのでは!? やったー、その他の日は、どれほど縄張りを踏み荒らそうと、ダークライは悪夢を見せたりしませんぞ！

待て待て。それは喜ぶべきことなのか？ 自分を守るために、他のポケモンや人間に悪夢を見せているダークライにとって、この能力が1ヵ月に一度しか使えないのは、あまりに気の毒ではないだろうか。

そのうえ、本人もとくに悪夢を見せることを望んでいないのだから、ダークライは必要以上に恐れられているわけだ。科学的に考えると、その力を使うことは極めて少ないはずなのに……。

うーん。ダークライの幸せを考えると、本書読者の皆さんは、ここに書いたことを決して口外しないようにお願いしたい。ダークライに近づくと必ずや悪夢を見る。人間やポケモンたちにそう思わせておいたほうが、ダークライは心安らかに暮らせるだろうから。

ダークポケモン・ヘルガーから「生物」を学ぼう

毒素の混じった炎を噴くというヘルガー！相手はどうなるんだろう!?

皆さんは、昔話『かちかち山』のウサギを覚えていますか。ウサギは、タヌキが背負った薪に火をつけて火傷させたうえに、薬だと嘘をついて、傷口にトウガラシを塗り込んだ。うひ～っ、メチャクチャ痛そうだよーっ。

ポケモン図鑑のヘルガーの項目には、「怒ったときに口から吹き出す炎には毒素も混じっていて、やけどになるといつまでもうずく」（『ブラック2・ホワイト2』）と書いてあって、筆者は

ヘルガー
ダークポケモン

タイプ　あく　ほのお

● 高さ 1.4m
● 重さ 35.0kg

▼ブラック2・ホワイト2

怒ったときに　口から　吹き出す
炎には　毒素も　混じっていて
やけどになると　いつまでも　うずく。

これを読んだときに『かちかち山』を思い出しました。炎を浴びせるだけでも大変なダメージなのに、その炎に毒素が混じっている！　そんなスゴイ攻撃をするのか、ヘルガー！

そう思ってその姿をしげしげと見つめれば、引き締まった体に、大きな角と鋭い眼光を持ち、近寄りがたいオーラを発している！『X』には「ヘルガーの不気味な遠ぼえは、地獄から死神が呼ぶ声と昔の人は想像していた」とある。こ、こわい……。

ビビっていないで、がんばって科学的に考えよう。「毒素が混じっている炎」とは、いったいどんな炎なのか？

◆「毒素は熱に弱い」といわれるが

「毒」とは生物に有害な物質のこと。そのなかで生物が作り出すものを「毒素」という。ポケモンも生き物だから、ヘルガーの炎に含まれる毒も、確かに「毒素」だ。

現実の世界に目を転じれば、毒素を作る生き物は数多い。陸の動物ではヘビやサソリ、海の動物ではフグやクラゲ、植物ではトリカブトやドクニンジンなど。また、キノコやカビなどの菌類、大腸菌やボツリヌス菌などの細菌も毒素を作るから、毒素を出す生物はあらゆる生物種のなかにいるといえるだろう。オソロシイことですな〜。

人体への影響も毒によってさまざまで、脳や神経や筋肉の働きを邪魔するもの、血液のなかで酸素を運ぶ赤血球を破壊するもの、強いアレルギー症状を起こすもの……。ああ、書いているだけで怖くなる。

だが、ヘルガーのように、炎に毒素が混じることがあるのだろうか。

ここで思い出すのが「熱湯消毒」や「煮沸消毒」という言葉である。これは、沸騰したお湯などで毒素の毒性をなくすことだから、つまり毒素は熱に弱いということではないのか？

確かに、動物が作る毒素はたいてい高温に弱く、クラゲに刺されたときなどは、刺されたところをお湯につけただけで痛みが和らぐ。だが、油断は禁物。細菌やそれが作る毒素のなかには、熱に強いものもある。たとえばボツリヌス菌が作る毒素は、10分間の煮沸（お湯に入れて沸騰させ続けること）で毒性をなくすが、ボツリヌス菌そのものはそれでも生き残り、温度が下がれば、また新たな毒素を作り出す。

動物の毒でも、フグが作る毒素は300℃でも分解しない。大人のなかにも「フグは刺し身で食べると当たるけど、鍋にすれば煮沸消毒されるから大丈夫」などと油断してる人がいるけれど、とんでもなくキケンな勘違いですぞ。

このように、現実の世界の毒素に学ぶと、ヘルガーが毒素の混じった炎を噴くことも不思議ではないことになる。ぎょぎょぎょっ。

◆ややっ、そんなに強い毒ではない!?

では、ヘルガーの炎を浴びた相手は、どうなってしまうのだろうか？

火傷で苦しんだうえに、体に毒素が回って、やがては……と想像したが、ちょっと待て。ポケモン図鑑には「いつまでもうずく」と書いてあるだけだ。「疼く」というのは「ずきずき痛む」

ことで、のたうち回るほど痛いわけでもなければ、命にかかわることもない。ヘルガーの鋭い眼つきに、つい「すごい毒素では」と思ってしまったが、そうでもないのかもしれない。

ケガをした傷口に塩を塗るとモーレツに痛いが、これは塩が傷口の細胞から水分を吸い出して、細胞を死なせるから。細胞は死ぬときに、周囲にピンチを知らせるために「発痛物質」という物質を作り出す。それが神経を刺激するから痛いのだ。

冒頭で書いた『かちかち山』の場合、ウサギが使ったのはトウガラシ。トウガラシに含まれるカプサイシンという物質は、神経を直接刺激する。テレビのバラエティ番組などで、ものすごく辛い料理を食べた人が「辛いというより、痛い！」と訴えていることがあるが、あれは本当に痛いのだ。そのトウガラシを、火傷で皮膚が失われた部分に塗ろうものなら、むき出しの神経が刺激されて、もう泣き叫ぶほど痛いと思います。すごい復讐をしたものだなあ、このウサギ。

ヘルガーの毒素が具体的にどういうものかはわからないが、塩やトウガラシを塗り込むような強い刺激は持たないのではないかと筆者は想像する。そう思う理由はもう一つあって、それは「頭のツノが大きく反り返っているヘルガーが、グループのリーダー的存在。仲間同士で争い、

リーダーが決まる」（『オメガルビー・アルファサファイア』）から。ヘルガーの場合、毒素があまりに強いと、仲間同士で争ったときに傷つけあってしまうことになるだろう。
それでは群れが成り立たなくなる。炎の毒素が強いことよりも、群れとして強いのがヘルガーの特徴では……というのが筆者の推測だ。

よこしまポケモン・ダーテングから「物理」を学ぼう

民家を吹き飛ばすダーテングの団扇。どんな風を起こすのか？

ダーテングの分類は、よこしまポケモンである。「よこしま」は漢字で書くと「邪」。国語辞典によれば「正しくないこと。道理に外れたこと」の意味で、たとえば「ぐふふ。本を書いて女子にモテよう」というような考えをいいます。でも筆者がよこしまかどうかはともかく、ダーテングはそんなに悪いヤツなのか？

ポケモン図鑑を調べると「樹齢1000年を超えた大木のてっぺんにすむといわれる謎のポケ

ダーテング　タイプ　くさ　あく
よこしまポケモン
● 高さ 1.3m
● 重さ 59.6kg
▼ブラック2・ホワイト2
葉っぱの　ウチワを　あおぐと
風速 30 メートルの　突風が
巻き起こり　民家を　吹き飛ばす。

モン。葉っぱの団扇で強風を巻き起こす」（『オメガルビー』）。ふーむ、よこしまというより、神秘性が感じられますなあ。

再び国語辞典を引くと「よこしま」は、もともと「横しま」と書いて「横の方向」という意味だったらしい。ココロが横を向いてるから「邪」なのだな。そして、風のなかには「横しま風」というものがあり、それは横殴りの風のこと。そうだったのかー。いろいろ勉強になるなあ、『ポケ空』。

いずれにしても、風と縁のあるポケモンである。「葉っぱのウチワをあおぐと風速30メートルの突風が巻き起こり、民家を吹き飛ばす」（『ブラック2・ホワイト2』）というから、確かに風も心もヨコシマかも。ダーテングが起こす風について考えよう。

◆風速30mの威力とは？

ダーテングが起こす風は、風速30m。これはどんな風なのだろうか。

風の速さを「秒速」で表したものが「風速」である。たとえば「風速30m」とは、風が秒速30mで吹いていること。これは「時速」に直すと108kmであり、50m走のコースなど、1・7秒で吹き抜けるわけだから、ものすごく速い。秒速17・2m以上の風が吹くと「台風」と呼ばれるから、ダーテングが起こす風は台風並みの風力なのだ。

これほどの風が吹いたら、いったい何が起こるだろう？　気象庁が発表している「風力階級表」では、風速17・2m以上の風とそれが起こす現象を、次のように記している。


風速17・2〜20・7m「疾強風」……小枝が折れる。風に向かって歩けない。

風速20・8〜24・4m「大強風」……屋根瓦が飛ぶ。人家に被害が出始める。

風速24・5〜28・4m「全強風」……内陸部では稀。根こそぎ倒れる木が出始める。人家に大きな被害が起こる。

風速28・5〜32・6m「暴風」……滅多に起こらない。広い範囲の被害を伴う。

風速32・7m以上「颶風」……被害がさらに甚大になる。


台風の気象情報では、これを上回る風速が報道されることがあるけど、それはたいてい「最大瞬間風速」。ある一瞬に観測された、いちばん速い風の数値だ。

これとは別に「最大風速」がある。気象庁では10分ごとに風速の平均値を出しているが、そのいちばん速いものをいう。そして、何も断らずに「風速」というときは、この最大風速を指す。

ダーテングが団扇で起こす風も、単に「風速30m」と表現されているから、現実の世界の科学的な解釈に当てはめれば、それは最大風速のことだろう。それは、風力階級表では「暴風」にあたり、滅多に起こらないような、モノスゴイ被害を起こす！

◆ダーテングのジレンマ

風の威力にも驚くが、さらにビックリするのが、この風が葉っぱの団扇で起こされること。ダーテングがどんな勢いで団扇を動かせば、風速30mもの風が起こせるのだろう？

忘れてはならないのは、小学3年の理科で習う「風の性質」だ。風は、発生源に近いほど強く、離れれば離れるほど、広がって弱くなる。

ダーテングの前にも、この問題が立ちはだかるはずである。団扇に近いほど、風は強い。民家

を吹き飛ばそうと思ったら、ダーテングとしてはなるべく目標物に接近したほうがいいわけだ。

だが、近づきすぎると、風は家の一部にしか当たらない。その結果、玄関しか壊れませんでした、ということになりかねない。家全体を吹き飛ばすには、ある程度、民家から離れる必要がある。でも、あまり離れると風の力は弱くなってしまい……。おお、悩ましいダーテング……。

いや、それでもダーテングは民家を吹き飛ばすのだから、離れていても民家に風速30ｍの風を当てられるのは間違いない。ということは、ダーテングの団扇から送り出された直後、風はもっとすさまじい風速を持っているはずだ！

風速は「距離×距離」に反比例して弱くなる。民家を吹き飛ばすダーテングが、５ｍ離れたところから風を送ったと仮定しよう。またイラストで測ると、ダーテングの肩から団扇の中心までは50㎝ほどありそうだ。距離が10倍に遠くなると、風速は10×10＝１００分の１に落ちる。それでも風速30ｍを維持できるということは、ダーテングの団扇から出た瞬間は、風速３千ｍ！

こんな猛烈な風は、１㎡あたり１１００ｔの風圧を生み出す。それを起こすダーテングも、作用・反作用の法則で後ろ向きに押されるはずだ。これに耐えるとはすごい。そして、団扇を下向きに扇げばダーテングは軽々と空を飛べるはずだ！

ちょっと迷惑だけど、すごいポケモン・ダーテング。よこしまなのかどうかは、うーん、やっぱりわかりません。

はくようポケモン・レシラム＆こくいんポケモン・ゼクロムから「地学」を学ぼう

レシラムとゼクロムは、地上を燃やさないでいただきたい！　頼む！

ポケモンにもいろいろ事情というものがあるのだなあ、と考え込んでしまうのが、レシラムとゼクロムだ。この2匹、元々は1匹のポケモンだったという。

イッシュ地方に伝わる伝説によれば、そのポケモンは双子の英雄とともに新しい国を作った。ところが、いつしか双子の英雄は対立し、兄は「真実」を求め、弟は「理想」を求めるようになった。それに伴い、1体のポケモンは2つの体に分かれて、レシラムとゼクロムが生まれたの

だ。だから、純白のレシラムは真実の世界を築く人をたすけ、漆黒のゼクロムは理想の世界をつくる人を補佐する……。

な、なんて難しい問題なんでしょう。真実の反対語は「偽り」で、理想の反対語は「現実」。反対語がこれほど異質ということは、もともとの2つの言葉も対立しないのではないかなあ。

たとえば筆者にとって、この『ポケ空』を読んで科学に興味を持ってもらうのは「理想」だけど、ただ笑って読み終えましたーという「真実」も決して悪いことではなく……うむ……ぷしゅーっ。み、耳からケムリが出始めたので、科学的なことに話を移していいでしょうか。

対になる2匹には、共通点もある。たとえば、レシラムもゼクロムも地上を焼き尽くす力を持っているのだ。ここでは、その能力について考えてみよう。

◆稲妻で火事が起こるか？

レシラムとゼクロムはどうやって地上を焼き尽くすのか。

ポケモン図鑑は、レシラムについて「レシラムの尻尾が燃えると、熱エネルギーで大気が動い

レシラム
はくようポケモン

タイプ ドラゴン ほのお

● 高さ 3.2m
● 重さ 330.0kg

▼ブラック2・ホワイト2

炎で　世界を　燃やし尽くせる
伝説の　ポケモン。真実の
世界を　築く　人を　たすける。

て世界の天気が変化する」（『Y』）と書き、ゼクロムについては「尻尾で電気を作り出す。全身を雷雲に隠してイッシュ地方の空を飛ぶ」（『Y』）と説明している。

レシラムが尻尾を燃やし、ゼクロムが尻尾で電気を作る……という点は違うけれど、どちらも尻尾が重要な働きをするわけだ。ふーむ、さすが元々は1匹のポケモンですなー。

感心している場合ではない。この2匹を比較するならば、レシラムは炎を放つのだろうから地上が燃えるのもわかるが、ゼクロムは？　稲妻を操るみたいだけど、それで火事になるの？

実は、稲妻はたいへんオソロシイ。現実の地球では、陸地の31％が森林で、そこではよく火災が起きている。2009年にオーストラリアで起こった山火事は、36日間燃え続けた。すごいことだが、では山火事の原因は何か。人間の火の不始末を除くと、いちばん多いのは、木の枝が風で擦れ合って火が

ゼクロム
こくいんポケモン

タイプ　ドラゴン　でんき
● 高さ 2.9m
● 重さ 345.0kg

▼ブラック2・ホワイト2
稲妻で　世界を　焼き尽くせる
伝説の　ポケモン。理想の
世界を　つくる　人を　補佐する。

着く「自然発火」だが、次に多いのが「落雷」すなわち稲妻である。
つまり、ゼクロムが稲妻をボンボン発生させれば、世界中の森林で山火事を起こすことができるのだ。う～ん、恐るべきポケモンだ。

◆世界の天気が変化する!?

対するレシラムもすごい。読者の皆さんは、先ほど紹介したポケモン図鑑の解説に、さらりとコワいことが書いてあったのに気づいただろうか？　もう一度読んでみると「レシラムの尻尾が燃えると、熱エネルギーで大気が動いて世界の天気が変化する」。そう、尻尾が燃えることが原因で、世界の天気が変わってしまうといっているのだ！　大変なことである。

現実の世界に目を向けると、１９９１年６月、フィリピンのピナツボ火山が大噴火した影響で、異常気象が起こった。噴煙に含まれた「エアロゾル」という小さな粒が91年から93年にかけて空中を漂い、太陽光線をさえぎったため、地球の気温が平均で0・4℃も下がったのだ。これがきっかけで、豪雨や川の氾濫などが世界各地で起こった。日本でも93年には記録的な冷夏となって、米がいつもの年の7割しか穫れないなど、深刻な被害が生じた。

ピナツボ火山は、噴煙のエアロゾルが太陽光線をさえぎることで地球の気温を下げたが、レシラムは尻尾を燃やすのだから、地球の気温を高くすると思われる。仮に、ピナツボ火山の噴火とは逆に、世界の平均気温を0・4℃上昇させるとしたら、放つ熱エネルギーは石油に換算して470億t分だ。ピナツボ火山の噴火で放たれた熱エネルギーは石油2億t分だったから、その235倍！

そのうえレシラムは世界を燃やし尽くし、ゼクロムは世界を焼き尽くすというのだ。こんなことをしたら、どうなるか？

恐ろしいのは、森林を焼くことだ。現実の地球で考えると、陸地の31％を占める森林の植物がすべて燃えたら、石油3700億t分の熱エネルギーが発生する。これは、地球の気温を0・4℃上げる熱エネルギーの8倍だから、気温は3・2℃も上昇！